高等院校"十三五"规划教材——Python系列

U0177021

PYTHON
PROGRAMMING

微课版

Python

程序设计　理论、案例与实践

周辉　费风长　夏芸　黄国强◎编著

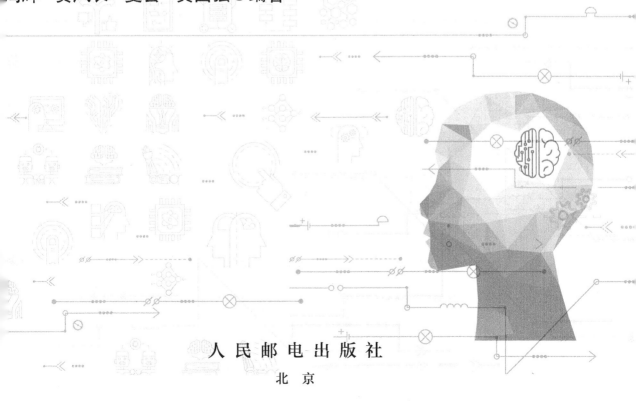

人民邮电出版社

北京

图书在版编目（CIP）数据

Python程序设计：理论、案例与实践：微课版 /
周辉等编著. -- 北京：人民邮电出版社，2023.10
高等院校"十三五"规划教材. Python系列
ISBN 978-7-115-62326-3

Ⅰ. ①P… Ⅱ. ①周… Ⅲ. ①软件工具－程序设计－
高等学校－教材 Ⅳ. ①TP311.561

中国国家版本馆CIP数据核字(2023)第135772号

内 容 提 要

　　Python 是一门简单易学、免费开源的跨平台高级动态编程语言，具有丰富的第三方库，能够让开发人员快速地开发出应用程序。本书以循序渐进的方式，基于 Python 3.11 版本，阐述 Python 的基础知识，并通过应用实例介绍 Python 的应用，具体包括计算机基础与 Python 简介、Python 语法基础、程序流程控制、组合数据类型、函数、文件与异常、正则表达式和面向对象程序设计等内容。

　　本书可作为高等院校各专业相关课程的教材，也可以作为全国计算机等级考试的备考资料，还可以作为 Python 爱好者的自学参考书。

◆ 编　著　周　辉　费风长　夏　芸　黄国强
　　责任编辑　刘向荣
　　责任印制　李　东　胡　南

◆ 人民邮电出版社出版发行　　北京市丰台区成寿寺路 11 号
　　邮编　100164　电子邮件　315@ptpress.com.cn
　　网址　https://www.ptpress.com.cn
　　固安县铭成印刷有限公司印刷

◆ 开本：787×1092　1/16
　　印张：13　　　　　　　　　　　2023 年 10 月第 1 版
　　字数：356 千字　　　　　　　　2024 年 12 月河北第 4 次印刷

定价：52.00 元

读者服务热线：(010)81055256　印装质量热线：(010)81055316
反盗版热线：(010)81055315
广告经营许可证：京东市监广登字 20170147 号

前言
PREFACE

目前全球已迈入数字经济时代，以大数据、人工智能、云计算等核心技术为代表的新科技革命，正驱动社会生产方式的改变和生产效率的提升，推动经济社会的加速转型和深刻变革。数字技术与实体经济深度融合，传统产业向数字化、智能化转型升级，是数字经济发展的时代要求。

在数字经济时代，具备一定的信息素养，已成为当代大学生的基本素质要求，信息素养的核心是信息获取和处理能力。大学生无论目前学习什么专业，未来从事何种职业，都必须掌握一定的信息技术基础知识，而编程语言是打开信息技术大门的钥匙。因此，大学生要学好一门编程语言，为后续进一步应用信息技术奠定良好基础。

在众多编程语言中，Python 无疑是近几年最热门的语言之一。在 TIOBE 编程语言排行榜中，Python 于 2007 年、2010 年、2018 年、2020 年、2021 年被评为年度编程语言。2021 年 10 月 Python 以 11.77%的市场份额，打破了 C 语言和 Java 20 多年的垄断地位。截至 2023 年 4 月，Python 仍以 14.51%的市场份额位居第一。

近年来，Python 迅速成为大数据和人工智能领域的主流语言，甚至是人工智能的最佳语言。Python 是一门免费、开源、跨平台的高级动态编程语言，它有着 C、C++、Java、R 等其他语言无可比拟的优势。Python 代码简洁、优雅，简单易学，且可扩展性强，拥有功能强大的库，能够让开发人员快速编写出实现任务的代码，开发效率非常高。因此，Python 已成为众多院校开设的首选教学语言。

为了培养学生应用信息技术的能力，提升信息素养，同时力图为学生进一步学习大数据、人工智能等相关课程打下坚实的编程基础，我们编写了本书。本书主要满足应用型人才的培养需求，内容丰富、实用性强，主要包括计算机基础与 Python 简介、Python 语法基础、程序流程控制、组合数据类型、函数、文件与异常、正则表达式、面向对象程序设计等内容。本书采用 Python 3.11 版本，在补充了部分 Python 3.10、3.11 中新增功能的同时，舍弃了部分不再流行的技术。本书突出"基础"二字，较为完善地讲解 Python 的基础知识，与部分图书相比，增加了正则表达式和面向对象程序设计部分，但没有介绍 Python 的高级应用（如网络爬虫、科学计算、数据分析与可视化、数据库应用、GUI 开发等），旨在为后续课程学习打下坚实基础。本书在文字描述上力求朴实、易读，在内容安排上循序渐进，以满足应用型高校学生自学需要。不同专业的教师可根据学生实际情况，自主选择教学内容。同时，为了贯彻党的二十大精神中立德树人的根本任务，在部分章节中融入素养教育，以培养学生的家国情怀、工匠精神、民族自豪感与自信心，增强学生的创新精神。

本书由周辉、费风长、夏芸和黄国强共同编著。各章编写分工如下：第1章、第6章、第7章由周辉编写，第5章、第8章由费风长编写，第2章、第3章由夏芸编写，第4章由黄国强编写。

本书提供 PPT 课件、教学大纲、电子教案、课后习题答案、配套实验等教学资源。

由于编者水平有限，书中难免存在不妥之处，敬请广大读者批评指正。

编者

目录
CONTENTS

第1章

计算机基础与 Python 简介

程序设计语言是人与计算机进行交互的语言。人们用高级语言编写程序，再用翻译程序将其转换为机器语言后方可执行。随着大数据、人工智能的兴起，越来越多的人开始学习 Python 这门高级语言。本章首先概述计算机的发展历程及体系结构，然后介绍程序设计语言的发展历程及执行过程，随后重点阐述 Python 的相关知识，包括发展历程、特点、应用领域、开发环境等，最后介绍Python 库的导入以及第三方扩展库的安装方法。

本章学习目标如下。

- 了解计算机的基础知识。
- 了解程序设计语言的发展历程，掌握程序的执行方式。
- 了解 Python 的发展历程和应用领域，理解 Python 的特点。
- 掌握 Python 开发环境的配置以及库的导入与添加方法。

1.1 计算机基础概述

1.1.1 计算机的发展历程

计算机（computer），又称为电脑，是一种能够执行既定程序，自动、高速处理海量数据的现代智能电子设备。自 20 世纪 40 年代以来，计算机技术快速发展，其应用范围也从最初的军事和科研领域逐渐扩展到社会的各个领域，其产业也从最初的计算机产业发展到信息产业，再到当前的数字产业，极大地促进了社会经济发展，引发了社会活动的深刻变革。目前，计算机已成为现代社会不可或缺的工具。

自 1946 年第一台通用计算机诞生以来，计算机技术先后经历了几次重大变革，具有鲜明的时代性。根据计算机技术发展的时代性，可将计算机的发展历程总结为以下 4 个阶段。

第一阶段：1946—1981 年，计算机系统结构阶段。该阶段以计算机 ENIAC 的诞生为标志。该阶段的计算机技术追求存储容量和速度等性能的提升，先后经历了电子管计算机、晶体管计算机和集成电路、大规模集成电路、超大规模集成电路计算机等几代计算机的更迭。该阶段的发展决定了现代计算机以冯·诺依曼（Von Neumann）提出的计算机体系结构为基石。该阶段的代表性编程语言是 C 语言，其可通过指针优化底层内存提高计算性能。随着 1981 年以 IBM PC 机为代表的个人计算机诞生，计算机开始进入大众视野，计算机技术迈入面向大众的新阶段。

第二阶段：1982—2007 年，网络与信息化阶段。该阶段以 TCP/IP（Transmission Control Protocol/Internet Protocol，传输控制协议/互联网协议）的标准化为标志，社会迈入"互联网"时代。1993 年，美国开始"信息高速公路"建设，借助互联网，全球进入了信息基础设施建设的快车道，企业竞相接入互联网。该阶段的计算机技术主要借助计算机网络实现全球信息互联、互通。该阶段的代表性语言有 Visual C++和 Java。随着美国苹果（Apple）公司的 iPhone 智能手机和谷歌 Android 系统的问世，计算机技术进入面向移动网络应用的新阶段。

第三阶段：2008—2015 年，复杂信息系统阶段。该阶段中，搭载 Android 与 Apple 公司的 iOS 等系统的移动终端数量急剧增长，网络信息资源呈指数级增长，用户需求助推计算机技术升级换代，诸如互联网+、云计算、物联网、大数据、并行计算、智能穿戴等一批新概念与技术盛行。多样性计算平台与应用，产生了错综复杂的信息需求。人们认识到计算机系统的复杂性将达到人类所能掌控的边界。面对复杂的功能性和紧迫性迭代周期，计算机需要更高抽象级别的编程语言来完成复杂信息的处理。该阶段，移动开发领域的代表性语言有 Java、C#等，而在复杂信息处理领域，Python 成为主流编程语言。2015 年，欧盟发布的《数字化单一市场战略》中提出促进数字产品、服务升级，加大数字网络服务支持，推动社会数字化、智能化转型，计算机技术进入适应数字经济发展的新阶段。

第四阶段：2016 年至今，全面数字化阶段。该阶段始于 2016 年 G20 杭州峰会，会议通过了《二十国集团数字经济发展与合作倡议》，倡导以数字化的知识和信息为关键生产要素，以现代信息网络为重要载体，以信息通信技术的有效使用为效率提升和经济结构优化的重要推动力。为推动数字经济，计算机技术发展要充分融合半导体、处理器、移动互联网、大数据、人工智能、虚拟现实等技术，不但要数字产业化，还要产业数字化，展示出提高用户体验和服务社会经济的特征。整合一切可用自然资源，进行全面数字化转型，促进人、机、资源的高度融合与协作，实现智能化，成为现代计算机技术的发展趋势。该阶段的代表性语言是 Python。

1.1.2 计算机的体系结构

电子计算机的奠基人是英国科学家图灵（Turing）和美籍匈牙利科学家冯·诺依曼。图灵建立了图灵机的理论模型，奠定了人工智能的基础；冯·诺依曼率先提出了计算机体系结构的设想。现代计算机仍然以冯·诺依曼体系结构为基础，即将程序当作数据，程序及其要处理的数据用相同的方式存储，计算机采用二进制技术，运算按照顺序结构进行。

冯·诺依曼体系结构将计算机分成 5 个组成部分：控制器、运算器、存储器、输入设备和输出设备。

- 控制器：用来管理和控制计算机指令的执行，使其按照预先设定的步骤完成一系列特定任务，是计算机的"神经中枢"。
- 运算器：是计算机中执行各种算术运算和逻辑运算的器件，能够暂时存放计算的中间结果。
- 存储器：用来存放数据和程序的设备，又分为主存储器（主存）和辅助存储器（辅存）。
- 输入设备：是将程序需要的数据或信息输入计算机的设备，如键盘、鼠标、摄像头等。
- 输出设备：接收计算机的运算结果，并以声音、图像、数字或字符等人们熟悉的形式表现出来的设备，如打印机、显示器和绘图仪等。

在现代计算机中，控制器和运算器往往组合在一起作为一个硬件设备——中央处理器（Central Processing Unit，CPU）。虽然计算机经历了 70 多年的高速发展，多次更新换代，但现代计算机的基本工作原理仍符合冯·诺依曼体系结构。

1.2 程序设计语言

1.2.1 程序设计语言概述

程序设计语言是书写计算机程序的语言，它由一组符号及一组语法规则构成，能够实现人类与计算机的交互，让计算机按照人类设计好的指令自动完成各种运算。程序设计语言又称为编程语言，程序员能够通过编写程序准确地定义计算机所需要使用的数据，以及在各种情况下计算机需要采取的行动。

随着计算机技术的发展，编程语言也处于不断的发展与变化之中，从最初的机器语言发展到汇编语言，再到高级语言。有的语言经久不衰，有的语言则是昙花一现。按照编程语言的特性，编程语言的发展可分为低级语言、非面向对象的高级语言和面向对象的高级语言 3 个阶段。

1. 低级语言阶段（1946—1953 年）

低级语言主要是机器语言和汇编语言。

（1）机器语言。机器语言是一种二进制语言，计算机只能识别由二进制数 0 和 1 组成的指令。用机器语言编写的程序执行效率最高，但是完全由 0 和 1 组成的程序代码不方便阅读和修改，也容易出错。难学、难写、难记、难检查、难修改是机器语言的主要缺点。因此，只有极少数计算机专业人员会编写机器语言程序。

（2）汇编语言。人们在机器语言的基础上进一步改进，使用助记符与机器语言中的指令进行一一对应，于是汇编语言出现了。汇编语言以缩写的英文字符作为标记符进行编写，能够帮助程序员提高编程效率。但汇编语言程序较为冗长，出错率较高。

由于机器语言和汇编语言都是直接操作计算机硬件并基于此来设计的，所以统称为低级语言。

2. 非面向对象的高级语言阶段（1954—1982 年）

1954 年 Fortran 面世，程序设计语言迈入面向过程的"高级语言程序设计"时代。高级语言是接近自然语言的一种计算机语言。早期的高级语言以描述求解过程为主来编程，这种过程描述与计算机结构无关，在不同计算机上的表达是一致的，可以很好地描述计算问题并利用计算机求解。为了与当前流行的面向对象语言做区分，我们称之为非面向对象的高级语言。

（1）Fortran。Fortran 是第一种高级语言，由美国的约翰·贝克斯（Johann Bakes）创建。它很接近人们使用的自然语言（英语）和数学语言，程序中使用算术运算符和算术表达式，很容易理解和使用。Fortran 以其特有的功能在数值分析、科学计算和工程计算领域有着重要影响。

（2）ALGOL。ALGOL 是第一种结构化编程语言，也是计算机发展史上首批清晰定义的高级语言，由欧美计算机学专家合力于 20 世纪 50 年代开发。国际计算机学会将 ALGOL 模式列为算法描述的标准，由此启发了 Pascal、Ada 和 C 语言等的出现。ALGOL 语句和普通语言表达式非常接近，适用于数值计算，所以 ALGOL 多用于科学计算。

（3）Basic。Basic 是早期最简单的编程语言之一，于 1964 年发布。Basic 本来是为在校大学生创建的高级语言，目的是使大学生更容易地使用计算机。该语言只有 26 个变量名、17 种基本语句、12 个函数和 3 个命令。由于 Basic 在当时相对容易学习，因此很快从校园走向社会，成为初学者学习程序设计的首选语言。该语言被誉为"初学者通用符号指令代码"。

（4）Pascal。Pascal 是基于 ALGOL 的编程语言，由瑞士尼古拉斯·沃斯（Niklaus Wirth）教授于 20 世纪 60 年代末创建。Pascal 具有语法严谨、层次分明等特点。Pascal 强调的结构化编程带来了非结构化编程语言（如 Fortran）无法比拟的美和乐趣。Pascal 被称为"编程语言重要的里程碑"。

（5）C 语言。1970 年，美国贝尔实验室的肯·汤普森（Ken Thompson）设计出了 B 语言。在此基础上，1972—1973 年，贝尔实验室的丹尼斯·里奇（Dennis Ritchie）设计出了 C 语言。C语言是一门面向过程的编程语言，设计目标是提供一种能以简易的方式编译、可处理低级存储器、仅产生少量机器码，以及不需要任何特定运行环境支持便能运行的编程语言。使用 C 语言描述问题比汇编语言迅速，工作量小，可读性好，易于调试、修改和移植，而代码量与汇编语言相当。目前，C 语言仍有较高的市场份额，长期占据市场份额前 5 的位置。

3. 面向对象的高级语言阶段（1983 年至今）

1983 年 C++正式诞生，标志着程序设计进入"面向对象程序设计"时代。面向对象程序设计（Object Oriented Programming，OOP）作为一种新方法，可以看作一种在程序中包含各种独立而又互相调用的对象的思想，这与传统的非面向对象思想刚好相反：传统的程序设计将程序看作一系列函数的集合，或者直接就是一系列指令；而面向对象程序设计中每一个对象都能够接收消息、处理数据和传递数据。目前主流的编程语言几乎都是面向对象的高级语言，如 C++、Java、C#和 Python 等。

（1）C++。1979 年本贾尼·斯特劳斯特卢普（Bjarne Stroustrup）到了贝尔实验室，开始将 C 语言改进为带有类的语言，1983 年该语言正式命名为 C++。1985 年、1990 年和 1994 年，C++先后进行 3 次主要修订。1998 年，C++国际标准投入使用。C++可以进行过程化程序设计，又可以进行以抽象数据类型为特点的基于对象的程序设计，还可以进行以继承和多态为特点的面向对象的程序设计。C++长期位居程序语言排行榜的前 5 名，目前仍是一种非常重要的编程语言。

（2）Java。Java 是美国 Sun 公司于 1995 年推出的静态面向对象语言，不仅吸收了 C++的各种优点，还摒弃了 C++中难以理解的多继承、指针等概念。因此 Java 语言具有功能强大、简单易用两个特征。Java 极好地实现了面向对象理论，允许程序员以优雅的思维方式进行复杂的编程。目前，在移动互联网开发领域，Java 占有很大的市场份额。

（3）C#。C#是微软公司于 2000 年发布的一种由 C 和 C++衍生出的面向对象编程语言。它在继承 C 和 C++强大功能的同时去掉了一些复杂特性，以其强大的操作能力、优雅的语法风格、创新的语言特性和便捷的面向组件编程，成为.NET 平台开发的首选语言。

（4）Python。近几年，得益于人工智能和大数据领域的发展，Python 用户数量上升势头迅猛，在 TIOBE 语言排行榜中多次蝉联月度排行榜首。随着数字产业的快速发展，Python 未来的发展空间进一步扩大。关于 Python 的更多介绍见本书 1.3 节。

1.2.2 编译与解释

因中央处理器只能理解和执行机器语言指令，所以用高级语言编写的程序（又称为源代码）必须翻译成机器语言（又称为目标代码）后才能执行。翻译方式有两种：编译和解释。编译是将高级语言编写的代码转换成独立机器语言代码的过程，转换后的机器语言程序可以随时执行，执行编译的计算机程序称为编译器。解释是将高级语言编写的源代码逐条转换成机器语言后立即执行相应指令，不断重复该过程执行程序中的所有指令。执行解释的计算机程序称为解释器。

编译和解释的区别在于：编译是一次性翻译，一旦程序被编译，就不再需要重复编译程序或源代码；解释则是在每次程序运行时都需要解释器和源代码。

采用编译方式的优点是，对于相同的源代码，编译产生的目标代码的执行速度比解释方式更快，并且目标代码不需要编译器就可以运行，在同类操作系统上使用更灵活。而采用解释方式的优点是，因为解释执行需要保留源代码和解释器，程序纠错和维护更加方便，并且因为有解释器，源代码可以在任何操作系统上运行，程序的可移植性更好。

根据翻译方式的不同，高级语言可以分为两类：静态语言和脚本语言。静态语言采用编译方式执行，如 C、C++和 Java 等；脚本语言采用解释方式执行，如 Python、JavaScript、PHP 等。无论采用哪种翻译方式，用户的使用方式是一致的。

1.3 Python 概述

1.3.1 Python 的发展历程

Python 是由荷兰人吉多·范罗苏姆（Guido van Rossum）设计并实现的面向对象的程序设计语言。1989 年 12 月，吉多为了打发无趣的圣诞节假期，决心开发一个新的脚本语言作为 ABC 语言的继承。ABC 是一种专门为非专业程序员设计的编程语言，风格优美，功能强大，但因为存在一些不足而没有取得很大的成功。吉多决定吸取 ABC 语言的优点，避开 ABC 语言的不足，重新设计一种功能全面、易学易用的编程语言。以 Python 来命名，是因为他当时是英国喜剧团体"Monty Python"的粉丝。因此，Python 的诞生是一个偶然事件，但经过 30 多年的持续发展，Python 已经成为当下最热门的语言之一。

1991 年，第一个 Python 公开发行版诞生。2000 年，Python 2.0 发布。2008 年，Python 3.0 发布。Python 3 的解释器内部完全采用面向对象方式实现，在语法层面做了很多重大改进，这些改进使得 3.x 系列无法向下兼容 2.x 系列的既有语法。Python 3.x 也是目前得到广泛应用和强大技术支持的系列。截至 2023 年 2 月，Python 最新版本为 3.11.2，于 2023 年 2 月 8 日发布。对于初学者，建议学习较新的版本。本书采用 Python 3.11.1 版本作为解释器。

1.3.2 Python 的特点

Python 是目前最流行且发展最为迅速的编程语言之一，具有如下优点。

（1）简单易学。对初学者来说简单非常重要。相比其他编程语言，Python 摒弃了复杂的结构，简化了语法和关键字，使得 Python 结构简单、语法简洁、容易理解、可读性更强，初学者很容易掌握。

（2）开源。Python 是 FLOSS（Free/Libre and Open Source Software，自由/开源软件）之一，用户可以免费获取 Python 的源代码进行研究，还可以在此基础上进行二次开发。

（3）丰富的库。Python 提供了功能丰富的标准库，可以用来处理正则表达式、文档生成、单元测试、线程、数据库、网页浏览器、图形用户界面等及其他与系统有关的操作，目前 Python 第三方扩展库已超过二十万个。

（4）可扩展性。Python 提供了丰富的 API（Application Programming Interface，应用程序接口）和工具，以便程序员能够轻松地调用其他语言编写的代码，实现多种语言的集成。因此 Python 又被称为"胶水语言"。

（5）可移植性好。Python 是一门脚本语言，用其编写的程序无须修改就可在很多系统上运行，这些系统包括 Windows、Linux、UNIX、iOS 等。因此在某种系统上编写的程序可以方便地移植到其他系统上使用。

虽然 Python 有很多优点，相比 C、C++和 Java 等传统语言，Python 运行速度稍慢是其最大的不足。但在计算机性能大幅提升的今天，运行速度不再是选择编程语言的决定性因素。在某些领域，使用优化的第三方扩展库能大幅提升 Python 语句的运行速度。

1.3.3　Python 的应用领域

Python 的应用领域非常广泛，几乎所有的互联网企业都在使用 Python 提升运营效率。Python 主要应用在以下几个领域。

（1）网络爬虫。在爬虫领域，Python 几乎处于王者地位。它可将一切网络公开数据当作免费资源，通过自动化程序进行有针对性的数据采集及处理。能够用来编写网络爬虫程序的编程语言有不少，但 Python 绝对是主力，其 Scrapy 爬虫框架应用非常广泛。

（2）科学计算。科学计算是指利用计算机再现、预测和发现客观世界运动规律和演化特征的全过程，是利用计算机来完成科学和工程中数学问题的数值计算。在科学计算领域，MATLAB 一直占据重要市场，但 MATLAB 收费较高。而 Python 完全免费，并且 MATLAB 的大部分常用功能都可以在 Python 中找到相应的扩展库，如 NumPy、SciPy 和 Matplotlib 等，使得 Python 越来越适合做科学计算。

（3）数据科学与数据分析。Python 已经成为数据科学和数据分析的主流语言之一，可以快速、方便地实现数据获取、数据清洗、数据规约、数据分析与挖掘、数据可视化等一系列操作。在科学计算等扩展库的支持下，Python 可以轻易实现对 GB 甚至 TB 级单位规模的海量数据的处理。

（4）人工智能。Python 已经成为人工智能的第一语言，甚至可以说是人工智能的标准语言。目前市面上大部分人工智能代码都使用 Python 编写，Python 的流行降低了人工智能应用的学习门槛。

（5）Web 开发。Python 提供了多种 Web 应用开发解决方案和模板，可以方便地定制服务器软件，实现 Web 开发、搭建 Web 框架。目前比较有名的 Python Web 框架有 Django 和 Pyramid。

（6）自然语言处理。Python 本身可以完成文本处理任务，同时提供了功能强大的自然语言处理工具库，如 NLTK 等。支持多种语言，尤其对中文支持良好。NLTK 可以进行语料处理、文本统计、内容理解、情感分析等多种操作，具有非常高的应用价值。

（7）游戏开发。在游戏开发领域，尤其是游戏逻辑和功能实现层面，Python 已经成为重要的支持性语言。比如第三方库中，Pygame 提供了大量与游戏相关的底层逻辑和功能支持，非常适合作为入门库理解并实践游戏开发；Cocos2D 是一个构建 2D 游戏和图形界面交互式应用的框架，能够进行 GPU（Graphics Processing Unit，图形处理单元）加速；Panda3D 库支持很多当代先进游戏引擎所支持的特性，如法线贴图、光泽贴图、HDR（High Dynamic Range，高动态范围）、卡通渲染和线框渲染等。

1.4 Python 开发环境的配置

1.4.1 Python 开发环境的安装

安装 Python 开发环境的关键是安装 Python 解释器。Python 解释器的安装一般有两种方式：（1）安装 Python 官网发行的标准开发环境，后续根据需求手动安装第三方库；（2）安装其他公司开发的集成开发环境，可一次性安装 Python 标准库和常用的第三方库（如 Anaconda、PyCharm 等）。本书主要介绍 Python 的基础知识，涉及的第三方库较少，因此选择安装 Python 官网提供的标准开发环境。

打开 Python 官网的主页，如图 1-1 所示。

图 1-1 Python 官网主页

单击"Downloads"按钮，会出现图 1-2 所示的下载页面。该页面中会显示 Windows 系统对应的最新解释器，截至 2023 年 2 月的最新版本为 3.11.2。在该页面中单击"Download Python 3.11.2"按钮，可以直接下载。如果你的计算机安装的不是 Windows 系列操作系统，可在页面中"Download Python 3.11.2"按钮下方单击你的计算机对应的操作系统类型按钮，如 Linux/UNIX、macOS 或者 Other，会跳转到相应操作系统对应的下载页面。

图 1-2 Python 官网的下载页面

如果你不想下载最新版本的解释器，向下拖动窗口右边的滚动条。将页面停留在【Looking for a specific release? Python releases by version number: 】的位置，可以看到过去已发布的版本及发布日期等信息，如图 1-3 所示。

Looking for a specific release?			
Python releases by version number:			
Release version	**Release date**		**Click for more**
Python 3.10.10	Feb. 8, 2023	Download	Release Notes
Python 3.11.2	Feb. 8, 2023	Download	Release Notes
Python 3.11.1	Dec. 6, 2022	Download	Release Notes
Python 3.10.9	Dec. 6, 2022	Download	Release Notes
Python 3.9.16	Dec. 6, 2022	Download	Release Notes
Python 3.8.16	Dec. 6, 2022	Download	Release Notes
Python 3.7.16	Dec. 6, 2022	Download	Release Notes
View older releases			

图 1-3 已发布版本页面

此处单击 Python 3.11.1 对应的"Download"按钮，进入下载页面，将页面拖动到底部，找到【Files】的位置，能够看到不同操作系统对应的安装包，如图 1-4 所示。

Files							
Version	Operating System	Description	MD5 Sum	File Size	GPG	Sigstore	
Gzipped source tarball	Source release		5c986b2865979b393aa50a31c65b64e8	26394378	SIG	CRT	SIG
XZ compressed source tarball	Source release		4efe92adf28875c77d3b9b2e8d3bc44a	19856648	SIG	CRT	SIG
macOS 64-bit universal2 installer	macOS	for macOS 10.9 and later	7c4d83ac21cf1e0470aa133ef6a1fff6	42665618	SIG	CRT	SIG
Windows embeddable package (32-bit)	Windows		cc960a3a6d5d1529117c463ac00aae43	9557137	SIG	CRT	SIG
Windows embeddable package (64-bit)	Windows		f16900451e15abe1ba3ea657f3c7fe9e	10538985	SIG	CRT	SIG
Windows embeddable package (ARM64)	Windows		405185d5ef1f436f8dbc370a868a2a85	9763968	SIG	CRT	SIG
Windows installer (32-bit)	Windows		a592f5db4f45ddc3a46c0ae465d3bee0	24054000	SIG	CRT	SIG
Windows installer (64-bit)	Windows	Recommended	3a02deed11f7ff4dbc1158d201ad164a	25218984	SIG	CRT	SIG
Windows installer (ARM64)	Windows	Experimental	3a98e0f9754199d99a7a97a6dacb0d91	24355528	SIG	CRT	SIG

图 1-4　Python 3.11.1 对应的安装包

需要注意的是，Python 3.11 不能安装在 Windows 7 及更早版本的操作系统上。如果你用的是 Windows 64 位的计算机，请单击后面的"Windows installer（64-bit）"超链接，在弹出的窗口中保存可执行文件，默认文件名为"python-3.11.1-amd64.exe"。

这里以 Windows 64 位系统为例介绍 Python 解释器的安装过程。

双击下载的可执行文件 python-3.11.1-amd64.exe，将显示安装向导界面，如图 1-5 所示。其中，"Install Now"表示即刻安装，安装路径和安装组件都无法修改；"Customize installation"为自定义安装，用户可根据需要选择安装路径和安装组件。

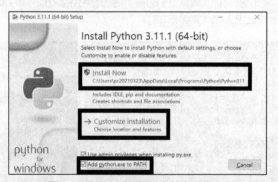

图 1-5　Python 解释器安装向导界面

"Add python.exe to PATH"复选框表示设置环境变量，若勾选该复选框，安装过程中会自动将 Python 相关环境变量的设置添加到注册表中，否则后续要手动设置。这里勾选该复选框，然后单击"Install Now"进行安装，出现图 1-6 所示的界面。

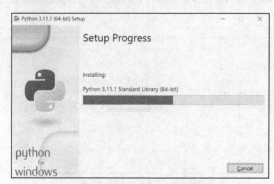

图 1-6　Python 解释器安装过程

安装完成后，若安装成功，会显示带有"Setup was successful"文字的界面，如图 1-7 所示。单击"Close"按钮，关闭安装向导。

此时打开 Windows 的"开始"菜单，会发现多了名为"Python 3.11"的文件夹，文件夹中包括后面常用到的 Python 集成开发环境 IDLE 和 Python 命令行工具的图标等，如图 1-8 所示。

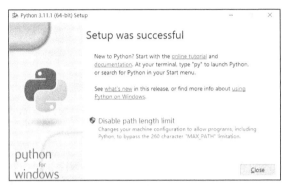

图 1-7　Python 解释器安装成功的界面

图 1-8　Windows"开始"菜单中的 Python 3.11
文件夹

1.4.2 ｜ Python 代码编辑与运行方式

运行 Python 程序有两种方式：交互式和文件式。交互式指针对用户输入的每条代码，Python 解释器会立即执行并给出执行结果，然后用户输入下一条代码，解释器再执行，以这种交替的方式执行完所有的程序。文件式，又称为批量式，指将程序的所有代码都写入一个或多个文件中，然后由 Python 解释器批量执行所有代码。交互式适用于程序代码不多的情形，或者用于调试程序。文件式的代码往往有多行，批量执行可以减少人机交互过程中的等待时间。虽然两者有区别，但两者运行 Python 代码的方式在本质上是相同的。

微课堂

Python 代码编辑与
运行方式

1. 交互式

交互式有以下 3 种启动和运行方法。

第一种方法是，打开 Windows 操作系统命令提示符窗口（在搜索框里输入"cmd"后按"Enter"键），在控制台中输入"python"后按"Enter"键，出现>>>提示符，则表示启动成功。在提示符后输入一条代码：

```
print('北京欢迎你！')
```

按"Enter"键即可执行该条语句，该条语句的功能为在屏幕上显示"北京欢迎你!"，如图 1-9 所示。

图 1-9　通过操作系统命令提示符窗口运行程序

第二种方法是，在"开始"菜单中找到图 1-8 所示的 Python 3.11 文件夹，单击"Python 3.11(64-bit)"，可以打开 Python 编译器自带的命令行窗口，提示符">>>"出现表示启动成功，如图 1-10 所示。

图 1-10　Python 编译器自带的命令行窗口

第三种方法是，在"开始"菜单的 Python 3.11 文件夹中，单击"IDLE(Python 3.11 64-bit)"，打开 Python 自带的集成开发环境，如图 1-11 所示。在其中输入代码，可查看交互式运行结果。

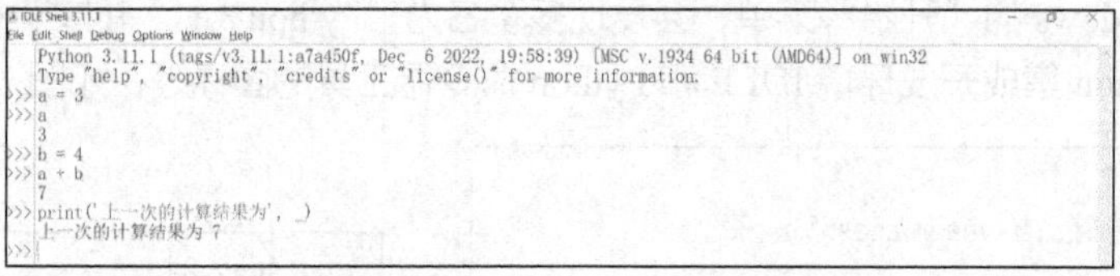

图 1-11　通过 IDLE 启动交互式环境

在交互式环境的提示符">>>"后输入表达式，按"Enter"键，可以显示表达式的当前值。在 Python 解释器中，存在特殊变量"_"，其值为上一次的运算结果。

2. 文件式

文件式有两种运行方法，不管采用哪种方法，在运行程序之前都必须创建好 Python 程序文件。

第一种方法是，使用 IDLE 运行 Python 程序文件。打开图 1-11 所示的 IDLE 界面，单击左上角的"File"菜单，选择"New File"选项。在打开的编辑窗口中输入合法的 Python 代码，如图 1-12 所示（代码的行号可以通过单击"Options"菜单中的"Show Line Numbers"显示出来）。默认文件名为"untitled.py"，单击"File"菜单，选择"Save"选项，将其保存，文件名为"circle.py"（假设保存在 D 盘根目录下）。文件保存好以后，单击菜单栏中的"Run"，并选择"Run Module"，或者直接按"F5"键（有的计算机需要按"Fn+F5"键），则 Python 程序文件开始运行，完成图形绘制。

第二种方法是，用 Windows 操作系统命令提示符窗口运行 Pyhthon 程序文件。对于刚建立并保存在 D 盘根目录中的"circle.py"文件，打开 Windows 操作系统命令提示符窗口，输入"python d:\circle.py"就可以运行，如图 1-13 所示。

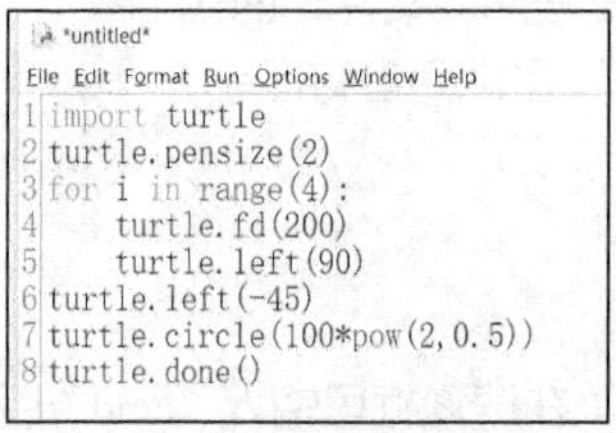

```
1 import turtle
2 turtle.pensize(2)
3 for i in range(4):
4     turtle.fd(200)
5     turtle.left(90)
6 turtle.left(-45)
7 turtle.circle(100*pow(2,0.5))
8 turtle.done()
```

图 1-12　通过 IDLE 运行 Python 程序文件

```
命令提示符
Microsoft Windows [版本 10.0.19043.1526]
(c) Microsoft Corporation. 保留所有权利。

C:\Users\pc20210323>python d:\circle.py

C:\Users\pc20210323>_
```

图 1-13　通过 Windows 命令提示符窗口
运行 Python 程序文件

文件式的这两种运行方式的结果是一样的。IDLE 作为一个集成开发环境，无论采用交互式还是文件式，都能快速编写和调试代码，是小规模 Python 软件项目的主要编写工具。本书所有程序都通过 IDLE 编写和运行。本书约定，凡采用 IDLE 交互式进行描述的，每条语句以提示符">>>"开头；凡采用 IDLE 文件式进行描述的，对每行代码冠以行号。

1.4.3　Python 程序运行实例

为帮助读者快速掌握 Python 程序的运行方式，本节给出几个小实例，供读者在 IDLE 中以交互式和文件式两种方式进行练习。请读者暂时忽略这些实例中程序的具体语法含义，后文会围绕这些语法展开。读者只需要正确输入代码并确保它们能够运行出正确结果。在输入代码的时候，"#"及其后面的文字表示注释，用来帮助读者理解程序，不影响程序的执行，读者可以不用输入。

【例 1-1】计算三角形的面积。

已知三角形的 3 条边长为 a、b、c，计算三角形的面积。根据三角形面积的计算公式，交互式执行语句的计算过程如下：

```
>>>import math #导入数学函数库
>>>a = 4
>>>b = 5
>>>c = 6
>>>h = (a + b + c)/2
>>>s = math.sqrt(h * (h - a) * (h - b) * (h - c))   #sqrt()表示求平方根
>>>print(s)
9.921567416492215
```

文件式程序编写如下：

```
1  #p1-1.py
2  import math #导入数学函数库
3  a = 4
4  b = 5
5  c = 6
6  h = (a + b + c) / 2
7  s = math.sqrt(h * (h - a) * (h - b) * (h - c))   #sqrt()表示求平方根
8  print(s)
```

单击菜单栏中的 "Run" 并选择 "Run Module" 可以运行上述程序，输出三角形的面积。

【例 1-2】计算 1~100 的所有整数的和。

采用循环累加的方式求和。交互式执行过程如下：

```
>>>s = 0  #s 存放累加和，初值为 0
>>>for i in range(1, 101):
#range(1, 101)产生 1~100 的整数，并逐个取出
    s = s + i  #将每个整数累加到 s 中
>>>print(s)
5050
```

输入的时候要注意，s = s + i 这一行前面有空格，不能顶格写。

其对应的文件式内容如下：

```
1  #p1-2.py
2  s = 0
3  for i in range(1, 101): #range(1, 101)产生 1~100 的整数
4    s = s + i  #将每个整数取出，累加到 s 中
5  print(s)
```

1.5 库的导入与添加

打开 Python 编译器之后，默认情况下并不会把所有的功能都加载进来，在需要使用某些库（又称为模块、包等）之前，必须加载这些库之后才能使用库中的函数。甚至有时需要额外安装第三方扩展库，以丰富 Python 的功能，来完成我们的任务。

1.5.1 库的导入

Python 本身内置了很多功能强大的库，如数学函数 math 库、绘制图形的 turtle 库等。Python 导入库（模块、包）的方式有两种，普通导入和使用 from 语句导入。

1. 普通导入

普通导入是最常见的导入方式之一，导入语法格式如下：

```
import 库名 [as 别名]
```

采用这种方式导入后，使用时需要在库的对象之前加上库名作为前缀，即以"库名.对象名"的形式使用。如果程序员觉得库名太长书写不便，可以为导入的库设置一个别名，然后以"别名.对象名"的形式使用对象。示例如下：

```
>>>import math
>>>math.pow(3, 4) #计算 3 的 4 次方
81.0
>>>import math as m
>>>m.exp(3)  #计算自然对数的底数 e 的 3 次方
20.085536923187668
```

2. 使用 from 语句导入

在编写代码过程的中，如果只使用到库中个别或极少数对象，可以采用 from 语句只导入自己需要的对象。导入语法格式如下：

```
from 库名 import 对象名 [as 别名]
```

使用 from 语句可以明确从库中导入的具体对象，这样可以减少资源加载，提高访问速度，同时也能减少程序员输入的代码量。示例如下：

```
>>>from math import gcd #导入 math 库中的 gcd()函数
>>>gcd(16, 24) #求两个数的最大公约数
8
>>>from math import sin, cos #同时导入两个函数
>>>sin(1), cos(1) #分别求 1 的正弦值和余弦值
(0.8414709848078965, 0.54030230586813398)
>>>from math import factorial as f #给函数设置别名
>>>f(4) #求 4!
24
```

上面的方法只导入了库中的部分对象，还可以将库中所有对象一次性导入。导入语法格式如下：

```
from 库名 import *
```

导入之后，可以直接使用库中的所有对象而不需要加库名。示例如下：

```
>>>from math import *
>>>pow(2, 3), exp(1), sin(0), cos(0) #都不需要加库名
(8.0, 2.718281828459045, 0.0, 1.0)
```

虽然这种方法可以一次性导入库中所有对象，但一般不推荐使用。因为这样导入很难区分函数是库中的函数还是用户自定义的函数，并且如果导入的多个库中有相同的对象名，会导致命名空间混乱。对 Python 解释器来说，只有最后一个导入库中的对象才是有效的，而之前导入的同名对象则无法访问。

1.5.2 扩展库的安装

虽然 Python 自身提供了很多标准库，但对很多应用来说还是需要安装一些第三方扩展库来拓展功能。

目前最常用的第三方库的安装方式是采用 pip 工具安装。pip 是由 Python 官方提供并维护的在线第三方库安装工具，已成为管理 Python 扩展库的主流方式。pip 不仅支持扩展库的安装，也可以用来查看本机已经安装了哪些扩展库，还可以用来升级或卸载已经安装的扩展库。pip 常用命令如表 1-1 所示。

微课堂

扩展库的安装

表 1-1　　　　pip 常用命令

命令	描述
pip install 库名	安装指定库
pip list	查看已经安装的第三方库

续表

命令	描述
pip install --upgrade 库名	升级指定库
pip uninstall 库名	卸载已经安装的指定库

比如，使用 pip 安装中文分词库 jieba，打开 Windows 操作系统命令提示符窗口，输入"pip install jieba"命令并执行，系统将在下载安装包后自动安装。jieba 库安装命令及安装成功后的界面如图 1-14 所示。

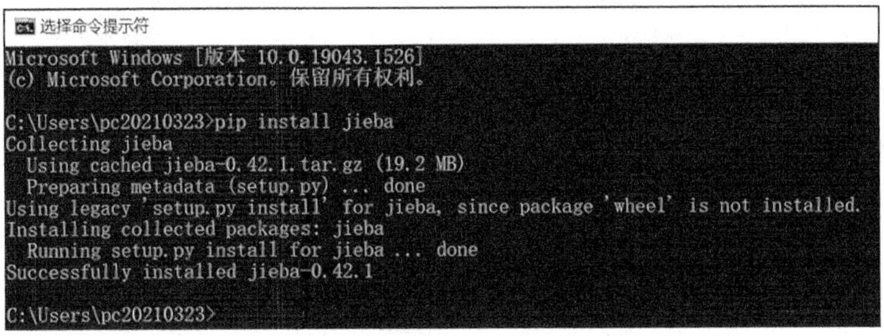

图 1-14　jieba 库安装命令及安装成功后的界面

由于某些第三方库只提供源代码，使用 pip 下载文件后无法在 Windows 系统编译和安装，会导致第三方库安装失败。为解决这一问题，推荐使用第三方库的国内镜像进行下载安装。下面列举几个国内常用的 pip 镜像源。

（1）清华大学：https://pypi.tuna.tsinghua.edu.cn/simple

（2）阿里云：https://mirrors.aliyun.com/pypi/simple/

（3）网易：https://mirrors.163.com/pypi/simple/

（4）豆瓣：https://pypi.douban.com/simple/

（5）百度：https://mirror.baidu.com/pypi/simple/

（6）腾讯云：https://mirrors.cloud.tencent.com/pypi/simple/

安装的时候，只需要在安装命令后加上参数-i+pip 源网址即可。如采用清华大学镜像，安装 wordcloud 库的命令为：

pip install wordcloud -i https://pypi.tuna.tsinghua.edu.cn/simple

本章习题

一、选择题

1. Python 属于（　　）。

　　A. 机器语言　　　　B. 汇编语言　　　　C. 高级语言　　　　D. 以上都不是

2. 下列语言中不是面向对象语言的是（　　）。

　　A. C　　　　　　　B. C++　　　　　　C. C#　　　　　　　D. Java

3. 下列不是 Python 集成开发环境的是（　　）。

　　A. PyCharm　　　　B. Jupyter Notebook　C. Spyder　　　　　D. RStudio

4. 要使用 math 库的 sin()函数，以下导入库的语句不正确的是（　　）。

　　A. import math as m　　　　　　　　　B. from math import *

　　C. from math import sin　　　　　　　　D. import math.sin

5. 在 Python 解释器中，用于表示上一次运算结果的特殊变量为（　　　）。

　　A. -　　　　　　　　B. _　　　　　　　　C. :　　　　　　　　D. ?

二、填空题

1. 只能用二进制数编写程序的语言是_____。

2. 低级语言主要包括_____和_____。

3. 将高级语言翻译成机器语言的方式有_____和_____。

4. 采用解释方式执行的高级语言称为_____。

5. 用户使用 Python 编写的程序无须修改就可以在多种平台上执行，这是 Python 的_____特性。

6. 在 Python 中用于安装第三方扩展库的工具是_____。

三、上机操作题

由于本章尚未学习 Python 语法，请读者在 Python 3.11 的 IDLE 中创建脚本文件，输入以下各题中的代码，尝试运行程序，并观察运行结果，熟练掌握 Python 的编程环境。

1. 字符串拼接。根据提示输入相应信息，每次输入完成后按"Enter"键结束，查看字符串拼接后的组合输出。

```
1  major = input('请输入你的专业: ')
2  grade = input('请输入你的入学年份: ')
3  print('我是{}级{}专业学生! '.format(grade, major))
```

2. 输出 100 以内既能被 3 又能被 5 整除的数。

```
1  for i in range(1, 101):
2      if i % 3 == 0 and i % 5 == 0:
3          print(i, end=' ')
```

3. 输出"九九乘法表"。

```
1  for i in range(1, 10):
2      for j in range(1, i + 1):
3          print(f'{j} * {i}={i * j:2}', end=' ')
4      print()
```

4. 绘制红色心形图形，如图 1-15 所示。

```
1  from turtle import *
2  color('red', 'pink')
3  begin_fill()
4  left(135)
5  fd(100)
6  right(180)
7  circle(50, -180)
8  left(90)
9  circle(50, -180)
10 right(180)
11 fd(100)
12 end_fill()
13 hideturtle()
```

5. 绘制 12 个花瓣的图形，如图 1-16 所示。

```
1  import turtle as t
2  t.fillcolor('yellow')
3  t.begin_fill()
4  for i in range(12):
```

```
5        t.circle(-90, 90)
6        t.right(120)
7    t.end_fill()
8    t.hideturtle()
9    t.done()
```

图 1-15　心形图形　　　　图 1-16　12 个花瓣的图形

第 2 章

Python 语法基础

Python 遵循优雅、明确、简单的设计哲学，语法简单、易学、易读、易维护。在编写 Python 程序之前，我们需要先掌握 Python 语法的基础知识，包括程序的格式、标识符与保留字、变量和数据类型、运算符等，建立对 Python 常用语法体系的基本理解。

Python 中的数据有数字、字符串、列表、元组、集合和字典等多种类型。本章重点介绍数字和字符串类型，以及这两种数据类型的常用操作，使初学者运用输入和输出函数就能编写出简单的、符合 Python 语法的程序。

本章学习目标如下。

- 掌握 Python 程序的格式。
- 熟悉 Python 的基本语法。
- 熟练运用输入和输出函数。
- 掌握数字类型的分类及常用操作。
- 掌握字符串类型的常用操作及格式化方法。
- 掌握 random 库的使用方法。

2.1 Python 程序的格式

良好的程序格式可以提升代码的可读性。与其他语言不同的是，Python 程序的格式是 Python 语法的组成之一，不符合格式规范的 Python 代码无法正常运行。为保证读者编写的代码能符合规范，下面将从缩进、注释和语句换行 3 个方面进行介绍。

2.1.1 缩进

Python 与其他语言相比，最大的区别就在于它采用严格的"缩进"来确定代码之间的逻辑关系和层次关系。所谓缩进是指每一行代码前面的空白区域，不需要缩进的代码顶格编写且不留空白。一般情况下，缩进通过一个或多个空格实现，但在一个程序文件内部，空格的缩进量要保持一致。系统默认采用 4 个空格缩进，4 个空格也可以利用"Tab"键实现。

代码缩进量的不同也会导致程序语义的改变，Python 要求同一代码块的每行代码必须具有相同的缩进量，如同 C 语言中采用花括号"{}"分隔代码块。示例代码如下：

```
1  if True:
2      print('Answer')
3      print('True')
4  else:
5      print('Answer')
6        print('False')
```

运行结果：

```
IndentationError: unindent does not match any outer indentation level
```

上述程序中，由于第 6 行代码的缩进量不符合规范，导致程序运行出现错误。对其进行如下两种修改，请读者上机运行，观察两种修改方案的运行结果。

第一种修改方案：

```
1  if True:
2      print('Answer')
3      print('True')
4  else:
5      print('Answer')
6      print('False')        #print()与第 5 行代码对齐，前面 4 个空格
```

运行结果：

```
Answer
True
```

第二种修改方案：

```
1  if True:
2      print('Answer')
3      print('True')
4  else:
5      print('Answer')
6  print('False')            #print()与第 4 行代码对齐，前面顶格
```

运行结果：

```
Answer
True
False
```

上述两种修改方案虽然都能解决缩进量不一致所导致的语法错误，但运行结果却完全不同。究其原因，缩进量的不同会导致程序语义改变。if-else 是一条双分支语句，具体用法可以参考 3.2.2 节。

在第一种修改方案中，如果条件为真，执行第 2、3 行代码；如果条件为假，执行第 5、6 行代码。第 6 行代码包含在 else 子句中。而在第二种修改方案中，如果条件为真，执行第 2、3 行代码；如果条件为假，执行第 5 行代码，最后执行第 6 行代码，此时第 6 行代码与 if-else 是并列关系，并不存在包含关系。

如前所述，缩进表达了代码之间的包含关系，除了上述示例的单层缩进，一个程序的缩进还可以"嵌套"，从而形成多层缩进。一般来说，并不是所有代码都可以通过缩进包含其他代码。比如分支语句、循环语句、函数、类等语法形式可以包含，而 print() 这样的简单函数不能使用缩进表达包含关系。

2.1.2 注释

注释是为了提高代码可读性而添加的辅助性文字，它会被 Python 解释器忽略，不会被执行。注释有利于代码的维护和阅读，给代码添加注释是一个良好的编程习惯。

Python 有两种注释方法：单行注释和多行注释。

（1）单行注释

单行注释是以"#"开头，可以单独占一行，用来说明整个程序的功能；也可以放在需要注释的代码的右侧，用来解释关键代码的作用。示例如下：

```
1  # 下面程序用于在屏幕上输出
2  print('Hello China!')        #print()功能: 输出 Hello China!
```

运行结果：

```
Hello China!
```

（2）多行注释

多行注释是以 3 个单引号"'''"或 3 个双引号""""""开头和结尾。多行注释一般用来为 Python 文件添加版权、功能、作者、开发日期等说明信息。示例如下：

```
1  '''
2  作者: PYTHON
3  文件名: demo.p
4  日期: 2023 年 3 月 10 日
5  版权所有: 江西财经大学
6  '''
```

综上所述，注释虽然不会被执行，但有以下几个作用。第一，标明作者和版权等相关信息，可以在每个源代码文件的开头增加注释，采用单行注释或多行注释；第二，解释代码原理或用途，在程序关键代码处增加注释可以增强程序的可读性，一般采用单行注释标记在关键代码同一行，或采用多行注释标记一段关键代码；第三，辅助程序调试，可以通过单行注释或多行注释临时隐藏一行或连续多行与当前调试无关的代码，辅助程序员找到程序可能出现问题的地方。

2.1.3 语句换行

Python 中对每行代码的长度是没有限制的，但是，如果单行代码太长，则不利于阅读。可以使用续行符"\"将单行代码分割为多行，以增强代码的可读性。使用时需要注意的是，续行符后面不能跟空格，需直接换行，且换行后必须接着写内容。示例如下：

```
1  print('我是一名程序员。\
2  人生苦短, 学好 Python。')
```

运行结果：

```
我是一名程序员。人生苦短, 学好 Python。
```

2.2 标识符与保留字

为了方便交流，人们会用不同的名称标记不同的事物。例如，黄瓜、冬瓜、菠菜等名称分别用于标记不同的蔬菜，当提到某蔬菜的名称时，大家自然就明白指代的是哪种蔬菜。同理，在 Python 中，标识符也可以理解为名称。

2.2.1 标识符

如同每个人的姓名一样，标识符主要用来标识变量、函数、类、模块和其他对象的名称。

Python 标识符命名规则如下。

（1）由字母、数字、下划线和汉字组成，且不能以数字开头，不能包含空格、@、%和$等特殊字符。

（2）标识符区分大小写。例如，sno 和 sNO 是不同的标识符。

（3）不能使用 Python 中的保留字，不建议使用系统内置的模块名、类型名或函数名以及已导入的模块名及其成员名。

（4）以下划线开头的标识符通常具有特殊的含义，一般应尽量避免使用这种形式的标识符。

例如，P_ython、_studentname_、stu、flag3、If、a_int 是合法的标识符，2nd、stu%age、3name、if、It's 是非法的标识符。

2.2.2 保留字

保留字，又称为关键字（Keyword），指被编程语言内部定义并保留使用的标识符。程序员在编程时不能定义与保留字相同的标识符，否则会产生编译错误。自 Python 3.10 引入了 match 和 case 后，Python 一共定义了 37 个保留字，如表 2-1 所示。

表 2-1　　　　　　　　　　　　Python 中的保留字

False	await	else	import	pass
None	break	except	in	raise
True	class	finally	is	return
and	continue	for	lambda	try
as	def	from	nonlocal	while
assert	del	global	not	with
async	elif	if	or	yield
match	case			

2.3 变量和数据类型

2.3.1 变量

程序运行期间，其值可变的量称为变量。要使用变量值时，一般通过变量名进行引用。Python 是动态类型语言，不需要事先声明变量名及其类型，直接赋值即可创建任意类型的变量。不仅变量的值是可以变化的，变量的类型也可以随时发生改变。

Python 中通过赋值运算符 "=" 对变量进行赋值。语法格式如下：

```
变量名 = 表达式
```

示例如下：

```
>>>姓名 = '王三'
>>>年龄 = 28
>>>姓名
'王三'
```

```
>>>年龄
28
>>>if = 4
SyntaxError: invalid syntax
```

Python 3 可以使用中文命名变量，但一般不建议这么做，建议只在注释时采用中文描述。由于 if 是保留字，不能作为变量名使用，所以运行出错，报语法错误。

赋值语句是程序设计中使用最为频繁的语句之一。对一个变量的首次赋值，称为对这个变量的定义。通过赋值语句不仅可以修改变量的值，还可以修改变量的类型。示例如下：

```
>>>x = 10          #定义变量 x，其值为 10
>>>y = 20          #定义变量 y，其值为 20
>>>z = x + y       #定义变量 z，其值为 x+y 的结果
>>>z               #通过变量名 z，获取变量值
30
>>>z = 22          #对变量 z 再次赋值，其值被修改为 22
>>>z
22
>>>z = 'Hello'     #对变量 z 再次赋值，其值被修改为字符串'Hello'
>>>z
'Hello'
```

Python 采用基于值的内存管理模式。赋值语句的执行过程为：首先把等号右侧表达式的值计算出来，然后在内存中寻找一个位置把值存放进去，最后创建变量并指向这个内存地址。因此，Python 变量并不直接存储值，而是存储值的内存地址或者引用。

此外，Python 提供了多种为变量赋值的方法。

（1）链式赋值，允许将同一个值连续赋给多个变量。示例如下：

```
>>>x = y = z = 10          #等价于 z=10，y=10，x=10
```

（2）解包赋值，允许同时给多个变量赋值。语法格式如下：

变量 1，变量 2，…，变量 n = 表达式 1，表达式 2，…，表达式 n

例如，

```
>>>x , y = 1 , 3          #等价于 x=1，y=3
```

解包赋值并非等同于简单地将多个单一赋值语句进行组合，因为 Python 处理解包赋值时首先运算右侧的 n 个表达式，同时将表达式的结果赋值给左侧的 n 个变量。例如，互换变量 x 和变量 y 的值，若采用单一语句实现需增加一个辅助变量，代码如下：

```
>>>t = x
>>>x = y
>>>y = t
```

如果采用解包赋值，一行语句即可：

```
>>>x , y = y , x
```

（3）允许将两条赋值语句串接在一行。示例如下：

```
>>>x = 10; y = 20          #采用分号连接
```

2.3.2 数据类型

变量中存储的数据可以有多种类型。比如，一个人的姓名可以用字符串类型存储，成绩可以用数字类型存储，是否为少数民族可以用布尔类型存储。下面简要介绍 Python 中提供的数据类型：数字类型、字符串类型、列表类型、元组类型、集合类型和字典类型。

微课堂

数据类型

1. 数字类型

Python 提供了 4 种数字类型：整数（int）、浮点数（float）、复数（complex）和布尔类型（bool），前 3 个分别对应数学中的整数、实数和复数，例如，123、3.14E4、4+6j。布尔类型比较特殊，它是整数类型的子类。布尔类型的数据只有两个取值——True 和 False，分别表示真和假。

2. 字符串类型

字符串（str）是由字母、数字、汉字或其他字符组成的序列，需使用引号""将这些字符括起来。例如，'12'与 12 代表的数据类型不同，在计算机内部的存储以及相关操作都不一样。12+2=14，而'12'+'2'='122'，同样进行"+"运算，字符串中的"+"表示字符串的连接运算。

3. 列表类型

列表（list）是多个元素组成的序列，可以保存任意数量、任意类型的元素，且可以被修改，使用非常灵活。Python 使用方括号"[]"表示列表，多个元素之间以逗号分隔。例如，[123, 'hi', True]。

4. 元组类型

元组（tuple）与列表的作用类似，可以保存任意数量、任意类型的元素，但它一旦被创建就不能被修改。Python 使用圆括号"()"表示元组，多个元素之间以逗号分隔。例如，('dog', 'tiger', 'cat')。

5. 集合类型

集合（set）与数学中集合的概念一致，表示多个元素的无序组合，且元素不可重复。集合可以保存任意数量的不可变数据类型的元素，如整数、浮点数、字符串、元组等。Python 使用花括号"{}"表示集合，多个元素之间以逗号分隔。例如，{'dog', 13.4, (12, 'cat')}。

6. 字典类型

字典（dict）是包含键值对的集合，每个键对应一个值且键不能重复。与列表相似，字典具有非常灵活的操作方法。Python 使用花括号"{}"表示字典，多个元素之间以逗号分隔，元素键和值内部用冒号连接。例如，定义一个字典存储国家和首都的键值对{'中国':'北京', '法国':'巴黎', '美国':'华盛顿'}。

Python 的 6 种数据类型中，数字类型仅能表示一个数据，这种表示单一数据的类型称为基本数据类型；能够表示多个数据的类型称为组合数据类型，字符串、元组、列表、集合和字典都属于组合数据类型。

Python 将数据类型定义为一个值的集合以及定义在这个值集上的一组操作，后文将陆续介绍各种数据类型及其操作方法。

2.4 运算符

几乎每一个程序都需要进行运算，对数据进行加工处理。Python 中的运算符是一种特殊的符号，主要用于实现数学计算、比较大小和逻辑运算等。运算符主要包括算术运算符、赋值运算符、关系运算符、逻辑运算符、成员运算符和位运算符等。

使用运算符将不同类型的操作数连接起来的式子，称为表达式。表达式可以很简单，也可以非常复杂。Python 运算符有一套严格的优先级规则，在编写复杂表达式时可以使用圆括号改变运算顺序，提高代码的可读性。

值得注意的是，Python 中因其操作数的数据类型不同，同一运算符所代表的含义不完全相同，使用非常灵活。

2.4.1 | 算术运算符

Python 中的算术运算符用来处理四则运算，在数字的处理中应用得较多。由算术运算符将数字类型数据连接在一起的式子，就是算术表达式。常见的算术运算符如表 2-2 所示。

表 2-2　　　　　　　　　　　　常见的算术运算符

运算符	含义	示例	运算结果
+	加法	x = 12 + 3	15
–	减法或取相反数	x = 12 – 3	9
*	乘法	x = 12 * 3	36
/	除法，即返回商	x = 12 / 5	2.4
//	整除，即返回商的整数部分	x = 12 // 5	2
%	求余（模运算），即返回除法的余数	x = 12 % 7	5
**	幂运算，a**b 即返回 a 的 b 次方	x = 2 ** 5	32

Python 中的算术运算符既支持相同类型的数值运算，也支持不同类型的数值的混合运算。在进行混合运算时，Python 会强制对数值的类型进行隐式类型转换（自动转换）。该转换遵循如下规则。

（1）整数与浮点数类型进行混合运算时，将整数类型转换为浮点数类型。

（2）其他类型与复数类型运算时，将其他类型转换为复数类型。

（3）布尔类型 True 转换为 1，False 转换为 0。

示例如下：

```
>>>13.0 // 4          #操作数中有浮点数，结果为浮点数
3.0
>>>12 % 5.0
2.0
>>>16 ** 0.5          #16的0.5次方，即16的平方根
4.0
>>>14.0 / 2
7.0
>>>12 % -5            #如果除数是负数，求余运算的结果也是负数
-3
>>>12 + True
13
```

2.4.2 | 复合赋值运算符

Python 中的赋值运算符"="可以与算术运算符组成复合赋值运算符，其同时具备运算和赋值两个功能。复合赋值运算符如表 2-3 所示。

表 2-3　　　　　　　　　　　　复合赋值运算符

运算符	含义	示例		
+=	加赋值	x += y	等价于	x = x + y
–=	减赋值	x –= y	等价于	x = x – y
*=	乘赋值	x *= y	等价于	x = x * y
/=	除赋值	x /= y	等价于	x = x / y
//=	整除赋值	x //= y	等价于	x = x // y
%=	求余赋值	x %= y	等价于	x = x % y
**=	幂赋值	x **= y	等价于	x = x ** y

示例如下：

```
>>>x = 5
>>>y = 3
>>>y *= x              #等价于 y = y * x，执行之前对 x、y 均需赋值
>>>y
15
```

2.4.3 关系运算符

关系运算符，又称为比较运算符，用于对变量或表达式的结果进行大小、真假等比较，运算结果只能是 True（比较结果为真）或 False（比较结果为假）。由关系运算符将两个操作数连接在一起的式子，就是关系表达。关系运算符如表 2-4 所示。

表 2-4   关系运算符

运算符	含义	示例	运算结果
==	判断是否相等	3 == 4	False
!=	判断是否不相等	'a' != 'b'	True
>	判断是否大于	'a' > 'b'	False
<	判断是否小于	3 < 4	True
>=	判断是否大于等于	12 >= 4	True
<=	判断是否小于等于	12 <= 4	False

关系运算符可以连用，表示判断一个变量的值是否介于两个值之间。示例如下：

```
>>>x = 6
>>>5 < x < 7           #等价于 x>5 and x<7
True
```

注意，关系表达式中的两个操作数可以是数字类型，也可以是字符串类型。若是字符串类型，则比较它们的 Unicode 值。

```
>>>'Hello' > 'World'
False
```

下面为非法的关系表达式：

```
>>>4 > 'a'
Traceback (most recent call last):
  File "<pyshell#5>", line 1, in <module>
    4 > 'a'
TypeError: '>' not supported between instances of 'int' and 'str'
```

需要注意的是，必须区分 "==" 和 "="。前者是关系运算符，用于判断左右两个操作数是否具有 "相等" 的关系；后者是赋值运算符，用于将右边的值赋给左边的变量。

2.4.4 逻辑运算符

逻辑运算符可以把多个条件表达式按照逻辑进行连接，从而构成更加复杂的条件表达式。例如，判断是否为闰年的条件：年份能被 4 整除但不能被 100 整除，或者能被 400 整除。在编程时，就需要使用逻辑运算符。逻辑运算符如表 2-5 所示。

微课堂

逻辑运算符

表 2-5   逻辑运算符

运算符	逻辑表达式	含义	示例
and	x and y	（与）若 x、y 布尔值均为 True，结果的布尔值为 True，否则结果的布尔值为 False	2 and 3，结果为 3
or	x or y	（或）若 x、y 布尔值有一个为 True，结果的布尔值为 True，否则结果的布尔值为 False	2 or 3，结果为 2
not	not x	（非）若 x 布尔值为 True，结果为 False，若 x 布尔值为 False，结果为 True	not 2，结果为 False

需要注意以下几点。

（1）逻辑表达式中，表达式不一定是布尔类型，可以是任何类型的表达式。表达式的值只要不是 False、0（或 0.0、0j 等）、空值（None）、空列表、空元组、空集合、空字典、空字符串等，Python 解释器均认为与 True 等价。

（2）运算符 and 和 or 并不一定返回 True 或 False，而是最后一个被计算的表达式的值，但运算符 not 一定会返回 True 或 False。

（3）对于运算符 and，两边的值均为真时，最终结果才为真，只要其中有一个值为假，那么最终结果就是假，所以 Python 按照下面的规则执行。x and y：如果 x 为假，则不用计算 y 的值，此时将 x 的值作为最终结果；如果 x 为真，则继续计算 y 的值，此时将 y 的值作为最终结果。示例如下：

```
>>>45 and 0            #x 为真，所以 y 的值作为最终结果
0
>>>0 and 45            #x 为假，所以不用计算 y
0
>>>10 and 20
20
>>>'' and 'hello'      #空字符串等价于 False
''
>>> 10 and 'hello'
'hello'
>>>3 > 4 and 2 < 1     #3>4 为假，不用计算 2<1 的值
False
```

（4）对于运算符 or，两边的值均为假时，最终结果才为假，但只要其中有一个值为真，那么最终结果就是真，所以 Python 按照下面的规则执行。x or y：如果 x 为真，则不用计算 y 的值，此时将 x 的值作为最终结果；如果 x 为假，则继续计算 y 的值，此时将 y 的值作为最终结果。示例如下：

```
>>>3 < 4 or 2 > 1      #3<4 为真，不用计算 2>1，返回 3<4 的值
True
>>>False or 'hello'    #False 为假，返回 hello
'hello'
>>>10 or 'hello'
10
>>>not 3               #not True
False
>>>not 0               #not False
True
```

【例 2-1】判断 2022 年是否为闰年。闰年的条件：年份能被 4 整除但不能被 100 整除，或者能被 400 整除。

分析：满足下列任何一个条件则为闰年。

（1）能被 4 且不能被 100 整除，逻辑表达式为 (year % 4 == 0) and (year % 100 != 0)。

（2）能被 400 整除，逻辑表达式为 year % 400 == 0。

因此，两个逻辑表达式用运算符 or 连接，结果为 True 表示是闰年，否则不是闰年。

程序代码如下：

```
1  year = 2022
2  result = ((year % 4 == 0) and (year % 100 != 0)) or (year % 400 == 0)
3  print(result)
```

运行结果：

```
False
```

在编写复杂表达式时，建议尽量使用圆括号提高程序的可读性。如果把第 2 行代码中的圆括号去掉，运行结果是否正确？请读者思考一下。

2.4.5 成员运算符

成员运算符用于成员测试，即测试给定数据是否存在于给定对象（序列、集合等可迭代类型）中。成员运算符如表 2-6 所示。

表 2-6　　　　　　　　　　　　　　　　成员运算符

运算符	含义	示例
in	如果指定数据在对象中，则返回 True，否则返回 False	'h' in 'wh'，结果为 True
not in	如果指定数据不在对象中，则返回 True，否则返回 False	2 not in [1,3]，结果为 True

2.4.6 位运算符

位运算符只能用于整数类型数据，首先将整数（十进制数）转换为二进制数，再按位进行逻辑运算，最后把二进制数转换为十进制数并返回。位运算符如表 2-7 所示。

表 2-7　　　　　　　　　　　　　　　　位运算符

运算符	含义		示例
&	（位与）　　1 & 1 的值为 1，1 & 0、0 & 1、0 & 0 的值为 0		2 & 3，结果为 2
|	（位或）　　1|1、1|0、0|1 的值为 1，0|0 的值为 0		3|8，结果为 11
^	（位异或）　1^1、0^0 的值为 0，1^0、0^1 的值为 1		3^4，结果为 7
~	（位取反）　~0 的值为 1，~1 的值为 0		~3，结果为-4
<<	（位左移）　低位补 0，每左移一位相当于乘以 2		9<<4，结果为 144
>>	（位右移）　高位补 0，低位丢弃，每右移一位相当于除以 2		9>>2，结果为 2

2.4.7 运算符的优先级

当一个表达式中包含多个运算符时，根据运算符的优先级确定操作数的运算顺序。Python 中运算符按优先级从高到低排序，如表 2-8 所示。

表 2-8　　　　　　　　　　　Python 运算符按优先级从高到低排序

运算符	含义
**	幂（优先级最高）
~、+、-	位取反、正号、负号
*、/、%、//	乘、除、求余、整除
+、-	加、减
>>、<<	位右移、位左移
&	位与
^、|	位异或、位或
==、!=、>=、>、<=、<	关系运算符
in、not in	成员运算符
and、not、or	逻辑运算符
=	赋值运算符（优先级最低）

综上所述，编程时应尽量用圆括号限定运算顺序，以免搞错优先级。示例如下：

```
>>>2 + 3 < 5                    #等价于(2 + 3) < 5
False
>>>2 + (3 < 5)                  #True 转换成整数 1
3
>>>5 < 9 + 2 and 4 < 5          #等价于(5 < (9 + 2)) and (4 < 5)
True
```

2.5 基本输入和输出函数

程序一般是用来处理数据的，往往需要接收用户输入的数据，运算后再输出结果，从而实现人机交互。通常用户输入数据，在显示器上显示计算的结果。Python 中，数据的输入和输出分别通过调用内置函数 input()和 print()来完成。

2.5.1 input()

Python 提供了内置函数 input()获得用户输入的数据，返回一个字符串类型的数据。函数格式如下：

```
变量 = input("提示信息")
```

其中，变量和提示信息都可以省略。

在获取用户输入数据之前，可以给出一些提示信息。

用户按下"Enter"键才算完成输入，之前输入的无论是字符串还是数字，都以字符串类型返回给变量。

【例 2-2】input()函数的示例。

程序代码如下：

```
>>>input('请输入数据: ')
请输入数据: 123
'123'
>>>x = input('请输入x: ')
请输入x: 12
>>>y = input('请输入y: ')
请输入y: 34
>>>x + y
'1234'
```

在【例 2-2】中，当用户输入数字 12 和 34 时，input()函数以字符串形式返回"12"和"34"，并分别赋值给变量 x 和 y，此时"+"进行的是字符串的拼接运算。

如果想返回数字类型，需要对输入的字符串进行类型转换，使用函数 int()将字符串类型转换为整数类型。例如，用户输入成绩并保存到变量 score 中，可以使用下面的代码：

```
>>>score = int(input('请输入成绩: '))
请输入成绩: 95
>>>score + 5
100
```

结合以下代码的运行结果，请读者思考：如果想同时返回两个或多个输入数据，执行一次 input()能否实现？

```
>>>x, y = int(input('请输入x和y: '))
请输入x和y: 12 34
Traceback (most recent call last):
```

```
    File '<pyshell#4>', line 1, in <module>
      x, y = int(input('请输入 x 和 y: '))
ValueError: invalid literal for int() with base 10: '12 34'
```

以上代码运行报错，不能实现 x=12，y=34，因为 input()函数返回值是字符串，当用户输入"12 34"后，int('12 34')无法转换得到整数而报错。

2.5.2 print()

Python 提供了内置函数 print()将运算结果输出到标准控制台或指定文件。函数格式如下：

```
print(value1, value2, …, sep= ' ', end = '\n ', file = sys.stdout)
```

其中应注意的事项如下。

（1）value1，value2……表示需要输出的数据或表达式。

（2）sep 表示分隔符，即多个输出数据之间的分隔符，默认为空格。

（3）end 表示结束符，默认为换行。

（4）file 表示输出位置，即输出到指定文件还是标准控制台，默认为标准控制台。

当以上参数均取默认值时，该函数功能为在显示器上依次输出多个数据，各数据之间用空格隔开，最后换行。

【例 2-3】print()函数示例。

程序代码如下：

```
1  print('hello')                #输出之后换行
2  print('China')
3  print(11, 22, sep = '*')      #多个输出数据之间用*分隔，输出完换行
4  print(11, 22, end = ', ')     #数据之间用空格分隔，输出完以逗号结束且不换行
5  print('OK')                   #在上一输出的同一行紧接着输出
```

运行结果：

```
hello
China
11*22
11 22,OK
```

【例 2-4】分析如下代码的运行结果。

```
1  name = input('请输入你的姓名: ')
2  print('你好! name')
```

运行结果：

```
请输入你的姓名: 张三
你好! name
```

上述代码并没有输出"你好! 张三"，而是将"你好! name"整个当成一个字符串输出。可对上述代码进行如下修改：

```
1  name = input('请输入你的姓名: ')
2  print('你好! ', name)     #输出两个数据，字符串和变量 name 的值
```

运行结果：

```
请输入你的姓名: 张三
你好! 张三
```

print('你好! ',name)还可以通过字符串的连接运算实现，写为 print('你好! '＋name)。

2.5.3 eval()

Python 提供了内置函数 eval()用来计算字符串的值。函数格式如下：

```
eval("字符串")
```

示例如下：

```
>>>x = 10
>>>eval('x + 2')
12
>>>eval("print('HELLO')")
HELLO
```

简单来说，eval()函数的作用是将用户输入的字符串转变成 Python 语句，并执行该语句。语句 eval('x + 2')是将"x + 2"转换成表达式 x + 2，然后计算出结果 12；语句 eval("print('HELLO')")是将 "print('HELLO')"转换成 print('HELLO')并执行该语句，故输出 HELLO。

使用 eval()函数处理字符串时需要注意合理使用。例如：

```
>>>eval('hello')
NameError: name 'hello' is not defined
```

因为在 eval('hello')中，需要将"hello"转换成变量 hello，由于之前没有定义变量 hello，所以解释器报错。可进行如下修改：

```
>>>hello = '你好呀'
>>>eval('hello')
'你好呀'
```

在有些场合下，eval()也可以用来实现类型转换的功能。例如，将数字字符串转换成数字类型时，该函数的功能与类型转换函数 int()等价。

```
>>>eval('18')
18
>>>int('18')
18
```

eval()函数和 input()函数经常结合在一起使用，用来获取用户输入的值。

【例 2-5】输入用户的年龄，并输出 10 年后的年龄。程序代码如下：

```
1   x = eval(input('请输入年龄: '))          #返回数字
2   print('十年后你的年龄是: ', x + 10)
```

运行结果：

```
请输入年龄: 20
十年后你的年龄是: 30
```

如何通过 eval()函数获得用户输入的多个数值呢？示例如下：

```
>>>x, y, z = eval(input('请输入 x, y, z 的值(逗号隔开): '))
请输入 x, y, z 的值(逗号隔开): 10,20,30
>>>print('你输入的 z, y, x 的值分别是: ', z, y, x)
你输入的 z, y, x 的值分别是: 30,20,10
```

综上所述，eval()函数不仅可以计算字符串的值，还可以实现类型转换，功能十分强大。但是，由于它并不对参数字符串进行安全性检查，如果精心构造一些语句，例如 eval('删除文件')等恶意语句，则可能引发安全漏洞。所以，应尽量使用标准库 ast 中提供的安全求值函数 literal_eval()。

2.6 数字类型及其操作

2.6.1 整数类型

整数类型（int）对应数学中的整数，用于表示任意大小的整数，包括正整数、负整数和 0。整数类型理论上没有取值范围的限制，但实际上受限于运行 Python 程序的计算机内存大小。

整数类型一般有 4 种进制表示：十进制、二进制、八进制和十六进制。默认情况采用十进制表示，其他进制需要增加引导符，如表 2-9 所示。

表 2-9 整数类型的 4 种进制表示

进制	引导符	含义	示例
十进制	无	由 0～9 组成，默认情况	1000、-345
二进制	0B 或 0b	由 0、1 组成，逢二进一	0B110、0b11101
八进制	0O 或 0o	由 0～7 组成，逢八进一	0O7、0O1246、0o333
十六进制	0X 或 0x	由 0～9、A～F（或 a～f）组成，逢十六进一	0XF、0X31A、0xd45

下面分别以 4 种进制表示 6，如下所示：

```
6          #十进制
0B110      #二进制
0O6        #八进制
0X6        #十六进制
```

为了方便使用各种进制的整数，Python 中内置了进制转换函数：bin()、oct()、hex()和 int()。有关说明如表 2-10 所示。

表 2-10 进制转换函数及说明

函数	说明
bin(x)	将十进制数 x 转换为二进制数字符串
oct(x)	将十进制数 x 转换为八进制数字符串
hex(x)	将十进制数 x 转换为十六进制数字符串
int(x)	将二、八或十六进制数 x 转换为十进制数

函数用法示例如下：

```
>>>x = 12
>>>bin(x)
'0b1100'
>>>oct(x)
'0o14'
>>>hex(x)
'0xc'
>>>int(0b1100)
12
```

布尔类型（bool）是一种特殊的整数类型，其值 True 对应整数 1，False 对应整数 0。Python 中常见的布尔值为 False 的情况如下。

（1）False。

（2）空值（None）。

（3）任何数字类型的 0、0.0 或 0j。

（4）任何空序列，如空列表[]、空元组()、空字符串""。

（5）空字典{}。

2.6.2 浮点数类型

浮点数类型（float）对应数学中的实数，由整数部分和小数部分组成，主要用于处理包含小数的数字。Python 要求所有浮点数必须带有小数部分，小数部分可以为 0。

浮点数有 2 种表示方法：十进制表示和科学记数法表示。

（1）一般以十进制表示，例如，12.34、3.0、-33.、.45 等。

（2）对于较大或较小的浮点数可以使用科学记数法表示，使用字母 e 或 E 作为幂的符号，以 10 为基数。例如，3.4e4、12e-8、-2.1E-3、.3E2 等，其中 3.4e4 的含义是 3.4×10^4，也可以表示为 3.4e+4，其值为 34000；–2.1E–3 的含义是–2.1×10^{-3}，其值为–0.0021。

Python 中浮点数的取值范围和运算精度受不同计算机系统的限制。浮点数的取值范围在 [–2.225×10^{308}, 1.797×10^{308}]，运算精度为 2.220×10^{-16}，因此浮点数运算可能会有一定的误差。具体示例如下：

```
>>>0.1 + 0.1
0.2
>>>0.1 + 0.2
0.30000000000000004
>>>0.8 - 0.2
0.6000000000000001
>>>0.8 - 0.2 == 0.6          #应尽量避免直接比较两个浮点数
False
```

从上例可以看出运算结果并不是 0.3 和 0.6，而是存在一定的误差，这个误差与计算机内部采用二进制运算有关。因此应尽量避免在浮点数之间进行相等性判断。

关于浮点数运算中产生的误差，下面再看一个示例：

```
>>>3.141592653 * 1.234567899
3.878509441128046
>>>3141592653 * 1234567899
3878509441128046047
```

上例中，浮点数运算结果的最后几位产生了误差。对绝大部分运算来说，浮点数类型足够"可靠"，运算结果准确，但如果要进行极高精度的数学运算，可以将浮点数中的小数部分去掉，当作整数运算；也可以通过标准库 decimal 中的 Decimal()实现高精度运算。示例如下：

```
>>>1 / 3   #没有使用高精度运算
0.3333333333333333
>>>from decimal import Decimal, getcontext
>>>Decimal(1) / Decimal(3)
Decimal('0.3333333333333333333333333333')
>>>getcontext().prec = 40
>>>Decimal(1) / Decimal(3) + 10
Decimal('10.33333333333333333333333333333333333333333')
```

2.6.3 复数类型

复数类型（complex）对应数学中的复数，由实部和虚部组成。在 Python 中，复数的虚部通过后缀 J 或 j 来表示，例如，11.3 + 1j、–3.4 + 4J、1.23e4+3.3j。其中实部和虚部的数值都是浮点数，当虚部为 1 时，1 不能省略，必须用 1j 表示虚部。

对于复数 z，可以用 z.real 和 z.imag 分别表示它的实部和虚部。

【例 2-6】复数示例。

程序代码如下：

```
1  x = 12.3 + 2j
2  y = 1.34 - 4.5j
3  z = x + y
4  print('实部为: ', z.real, ' 虚部为', z.imag)
5  print(z)
```

运行结果：

```
实部为: 13.64, 虚部为: -2.5
(13.64-2.5j)
```

复数类型在科学计算中十分常见，基于复数的运算属于数学的复变函数分支，该分支有效支撑了众多科学和工程问题的数学表示和求解。Python 直接支持复数类型，为这类运算的求解提供了便利。

2.6.4 数字类型的操作

Python 为数字类型提供了内置的算术运算符、数值运算函数、数字类型转换函数等操作方法。

1. 算术运算符

Python 支持 7 种算术运算符，如表 2-2 所示。这些运算符，又称为内置操作符，由 Python 解释器直接提供，不需要引用标准或第三方函数库。

【例 2-7】某位学生期末成绩分别为 Python 94，大学英语 85，计算机应用基础 88。利用编程实现，显示 Python 和计算机应用基础这两门课程的分数之差，并统计 3 门课程的平均分。

程序代码如下：

```
1  python = 94
2  english = 85
3  computer = 88
4  sub = python - computer
5  avg = (python + english + computer) / 3
6  print('两门课程分数之差为: ', sub)
7  print('3门课程的平均分为: ', avg)
```

运行结果：

```
两门课程分数之差为: 6
3门课程的平均分为 89.0
```

算术运算符（+、-、*、/、//、%、**）的使用方式与相应数学符号的使用方式一致，运算结果也符合数学意义。

在进行不同数字类型的混合运算时，相互运算的结果基本规则如下。

① 整数之间的运算，如果数学意义上结果是小数，则程序运算结果是浮点数。

② 整数之间的运算，如果数学意义上结果是整数，则程序运算结果是整数。

③ 整数和浮点数的混合运算，则程序运算结果是浮点数。

④ 整数或浮点数与复数的运算，则程序运算结果是复数。

示例如下：

```
>>>6 / 3
2.0
>>>6 // 3
2
>>>2 + 3j + 7
(9+3j)
>>>(2 + 3j) * 7.3
(14.6+21.9j)
```

此外，数字类型还可进行复合赋值运算。示例如下：

```
>>>x = 2
>>>x *= 5            #等价于 x = x * 5
>>>x
10
```

【例 2-8】利用编程将一个三位整数的个位、十位、百位上的数字分别输出。

程序代码如下：

```
1  x = int(input('请输入一个三位整数: '))
2  gw = x % 10
```

```
3    sw = (x // 10) % 10
4    bw = x // 100
5    print(x, '的个位、十位、百位上的数字分别是: ', gw, sw, bw)
```

运行结果：

```
请输入一个三位整数: 697
697 的个位、十位、百位上的数字分别是: 7 9 6
```

上述程序是对一个三位整数的各个位数进行分解，其中使用了"//"和"%"运算符实现。当然还有其他方法，请读者自行思考。

求余运算（%）在编程中十分常用，主要应用于具有周期规律的场景中。比如，一周有 7 天，day 代表日期，用 day%7 可以表示星期；对于一个整数 n，根据 n%2 的结果为 0 或 1，可以判断 n 的奇偶性。

2. 数值运算函数

Python 解释器提供了 6 个与数值运算有关的内置函数，如表 2-11 所示。

表 2-11   与数值运算有关的内置函数及说明

函数	说明	示例
abs(x)	数字 x 的绝对值或复数 x 的模	abs(−3)的值为 3，abs(4 + 3j)的值为 5.0
divmod(x, y)	(x // y, x % y)，输出为元组类型	divmod(7, 3)的值为(2, 1)
pow(x, y[, z])	x 的 y 次方，参数 z 是可选项，省略时返回 x**y；不省略时返回(x ** y) % z	pow(3, 4)的值为 81
round(x[, ndigits])	对 x 四舍五入，保留 ndigits 位小数，省略 ndigits 则返回整数	round(3.1415, 3)的值为 3.142 round(3.1415)的值为 3
max(x_1, x_2···x_n)	$x_1, x_2...x_n$ 的最大值，n 没有限定	max(3, 6.6, 9)的值为 9
min(x_1, x_2···x_n)	$x_1, x_2...x_n$ 的最小值，n 没有限定	min(3, 6.6, 9)的值为 3

其中，pow(x, y[, z])函数，模运算与幂运算同时进行，可提高运行速度。例如，求 $2^{2^{999}}$ 结果的最后 4 位。

```
>>>pow(2, pow(2, 999)) % 10000
MemoryError
```

上述语句作如下修改：先求幂运算再求模，幂运算 pow(2, pow(2, 999))的结果数值过大，在一般计算机上无法完成而产生异常。

```
>>>pow(2, pow(2, 999), 10000)
7056
```

上述语句中，在求幂运算的同时进行模运算，则可以很快计算出结果。

pow()函数中第三个参数 z 在运算加/解密算法和科学计算中十分重要。

在【例 2-8】中将一个三位整数的个位、十位、百位上的数字分解，还可以通过调用函数 divmod()实现。

程序代码如下：

```
1    x = int(input('请输入一个三位整数: '))
2    bw, sw = divmod(x, 100)
3    sw, gw = divmod(sw, 10)
4    print(x, '的个位、十位、百位上的数字分别是: ', gw, sw, bw)
```

3. 数字类型转换函数

在进行算术运算时，如果一个表达式中含有不同类型的操作数，则 Python 会进行数字类型的隐式转换，也可使用数字类型转换函数进行显式转换。具体函数及说明如表 2-12 所示。

表 2-12　　　　　　　　　　　　　　数字类型转换函数及说明

函数	说明	示例
int(x)	将 x 转换为整数类型	int(3.56)的值为 3
float(x)	将 x 转换为浮点数类型	float(4)的值为 4.0
complex(real[, imag])	创建一个复数，省略虚部时，默认是 0j	complex(4.33)的值为 4.33 + 0j
bool(x)	将 x 转换为布尔类型，0 值、空值等转化为 False，其他值转换为 True	bool(10)的值为 True，bool(0)的值为 False

利用数字类型转换函数进行显式转换时，使用不当也会产生各种异常。示例如下：

```
>>>float('12.4ab')           #传入无效的参数
ValueError: could not convert string to float: '12.4ab'
>>> i=2 ** 9999
>>> float(i)                 #产生溢出异常
OverflowError: int too large to convert to float
```

【例 2-9】相关资料表明，孩子成年后的身高很大程度取决于遗传，男孩成年身高均值的计算公式为：男孩成年身高均值（单位：米）=（父身高+母身高+0.13）÷2。根据该公式，输入父亲和母亲的身高，计算儿子身高的平均值，并输出结果。

程序代码如下：

```
1   dad = float(input('请输入父亲的身高(单位：米)'))#字符串转换为浮点数
2   mum = float(input('请输入母亲的身高(单位：米)'))
3   son = (dad + mum + 0.13) / 2
4   print('儿子身高平均值(单位：米)为',son)
```

运行结果：

```
请输入父亲的身高(单位：米)1.75
请输入母亲的身高(单位：米)1.62
儿子身高平均值(单位：米)为 1.75
```

2.7　字符串类型及其操作

字符串是 Python 中最常用的数据类型之一。下面对字符串的相关知识进行详细介绍。

2.7.1　字符串类型的表示

字符串是由字母、数字、汉字或符号组成的有序序列。为了将其与数字类型进行区分，在 Python 中可以使用单引号、双引号、三单引号或三双引号作为定界符，且定界符必须成对出现。一个字符都没有的字符串称为空串，可以表示为''或""。

【例 2-10】输出字符串的示例。

程序代码如下：

```
1   print('Hello')                    #单引号作为定界符
2   print(" Hello China !")           #双引号作为定界符
3   #三单引号作为定界符
4   print('''  Hello China !
5      你好中国! ''')
6   #三双引号作为定界符
7   print("""OK,
8      123 你好!
9           加油""")
```

运行结果：

```
Hello
 Hello China !
  Hello China !
   你好中国!
OK,
   123 你好!
          加油
```

上述例子中，使用单引号、双引号作为定界符时，字符串内容必须在一行；使用三单引号、三双引号作为定界符时，字符串内容可以在一行，也可以分布在多行。

如果字符串内容本身包含单引号，则使用双引号、三单引号或三双引号作为定界符；如果字符串中包含双引号，则使用单引号、三单引号或三双引号作为定界符。总之，不同的定界符之间可以互相嵌套使用。示例如下：

```
>>>print("It's OK")
It's OK
>>>name = input("请输入你的姓名：")  #name 保存用户输入的字符串
请输入你的姓名：王丽丽
>>>print('''我说："你好！"'''+name+'笑了笑。')
我说："你好！"王丽丽笑了笑。
>>>print('''她马上回答："Let's go."
OK～666''')                            #字符串中含有单引号和双引号
她马上回答："Let's go."
OK～666
```

除此以外，还可以使用转义字符"\"（反斜线）实现以上功能。"\"可与后面相邻的一个字符共同组成新的含义。Python 中常用的转义字符如表 2-13 所示。

表 2-13   常用的转义字符及说明

转义字符	说明
\	放在行尾时，充当续行符
\\	一个反斜线\
\'	单引号'
\"	双引号"
\a	响铃
\b	退格符，光标移到前一列位置
\f	换页符
\n	换行符
\r	回车符
\t	水平制表符
\v	垂直制表符

 注意

IDLE 开发环境不支持部分特殊控制字符，如\b 和\r 等，使用这些控制字符的程序需要保存为.py 文件，然后在命令提示符窗口中执行相应文件。

【例 2-11】转义字符的用法示例。

程序代码如下：

```
>>>print("It\'s OK")
It's OK
>>>print("你好! \tHello\n 他答道: \"OK!\" ")
你好!    Hello
他答道: "OK!"
```

为了避免对字符串中的转义字符进行转义，可以使用原始字符串，即在字符串前面加上字母 R 或 r 表示原始字符串，字符串中的所有字符都表示原始的含义而不会进行任何转义，通常用于文件路径、URL 和正则表达式等场合。示例如下：

```
>>>print(R"你好! \tHello\n 他答道: \"OK!\" ") #不转义，字符串原样输出
你好! \tHello\n 他答道: \"OK!\"
>>>path = 'c:\windows\notepad.exe'          #\n 转义为换行
>>>print(path)
c:\windows
otepad.exe
>>>path = r'c:\windows\notepad.exe'         #不转义，原始字符串
>>>print(path)
c:\windows\notepad.exe
```

2.7.2 字符串类型的操作

Python 提供支持字符串类型的基本操作（包括索引访问、切片操作等），大量内置运算符、函数以及方法，用于字符串的检测、查找、替换和排版等。

1. 字符串的索引和切片

字符串是字符的有序序列，每个字符在字符串中的序号称为索引。

索引分为两种：正向递增索引和反向递减索引，如图 2-1 所示。

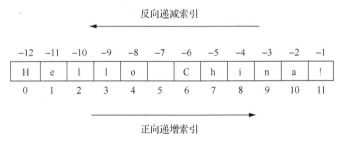

图 2-1　字符串的两种索引

如果字符串长度为 L，正向递增索引指从左侧 0 开始，向右依次递增，直到 L-1；反向递减索引指从右侧-1 开始，向左依次递减，直到-L。

◆　通过索引获取单个字符。

字符串的索引一般格式如下：

```
'字符串'或字符串变量[索引]
```

具体示例如下：

```
>>>s = 'Hello China!'                #定义字符串变量 s
>>>print(s[0])
H
>>>print(s[6])
C
```

```
>>>print(s[-1])                        #获取最后一个字符
!
>>>print('你能提取其中的 h 吗？ '[7])    #汉字按一个字符处理
h
```

Python 3.x 完全支持中文字符，默认使用 UTF-8 编码格式，无论是一个数字、字母、符号还是一个汉字，计算字符串长度时都按一个字符对待和处理。

◆ 通过索引获取字符串切片。

通过索引不仅可以从字符串中获取单个字符，还可以获取字符串切片。所谓字符串切片，就是截取字符串的一个片段，得到一个子字符串。字符串切片的一般格式如下：

```
'字符串'或字符串变量[start:end:step]
```

其中：start 表示起始位置的索引，可以省略，如果省略则从 0 开始；end 表示终点位置的索引，可以省略，如果省略则表示到字符串末尾；step 表示步长，每 step 个字符提取一个，可以省略，如果省略则为 1。

下面通过例子说明切片的各种用法（str 代表字符串变量名）。

① str[m]：表示索引值为 m 的单个字符。

② str[m:n]：表示从索引值 m 到 n-1 之间的连续字符，获取切片。

③ str[m:]：表示从索引值 m 到 str 结尾的连续字符，获取切片。

④ str[:n]：表示从索引值 0 到 n-1 的连续字符，获取切片。

⑤ str[m:n:s]：表示从索引值 m 到 n-1，每 s 个字符提取一个，获取切片。

⑥ str[:]：表示获取整个字符串作为切片。

⑦ str[::-1]：表示将反转后的整个字符串作为切片。

此外，正向递增索引和反向递减索引可以混合使用。

以图 2-1 中的'Hello China!'为例，示例代码如下：

```
>>>s = 'Hello China!'
>>>print(s[2:])                 #获取索引值为 2 到结尾的切片
llo China!
>>>print(s[2:9])                #获取索引值为 2 到 8 的切片
llo Chi
>>>print(s[2:9:2])              #获取索引值为 2 到 8 的切片，且每 2 个字符提取一个
loCi
>>>print(s[:])                  #获取整个字符串
Hello China!
>>>print(s[::-1])               #反转后的整个字符串，即逆向输出
!anihC olleH
>>>print(s[::2])                #索引值为 0、2、4、6、8、10 的字符
HloCia
>>>print(s[0:-3])               #索引值从 0 到-4
Hello Chi
>>>print(s[12])                 #索引值越界，报错
IndexError: string index out of range
>>> s[::-1]                     #逆向输出
'!anihC olleH'
>>> s[-19:20]                   #根据实际处理超界
'Hello China!'
```

2. 字符串的基本运算符

字符串类型支持 6 种关系运算符（==、!=、<、<=、>、>=），在进行判断时，比较它们的 Unicode

值。此外，Python 还提供了 3 个字符串的基本运算符，如表 2-14 所示。

表 2-14　　　　　　　　　　字符串类型的基本运算符及说明

运算符	说明	示例
+	两个字符串的拼接	x = '你'；y = '好'；x + y 的值为'你好' '12' + '34' + '5'的值为'12345'
*	字符串内容的重复	'abc' * 3 的值为'abcabcabc' 6 * '*'的值为'******'
in/not in	成员运算符，判断一个字符串是否是另一个字符串的子串，返回 True 或 False	'b' in 'abcd'的值为 True 'bc' in 'abcd'的值为 True 'bd' in 'abcd'的值为 False

字符串不可以直接与其他类型的数据拼接，示例如下：

```
>>>4 + 'ab'
TypeError: unsupported operand type(s) for +: 'int' and 'str'
```

运行时，会产生异常。可以使用类型转换函数 str()将整数 4 转换成字符串'4'，再进行拼接。修改后代码如下：

```
>>>str(4) + 'ab'
'4ab'
```

【例 2-12】获取星期字符串。用户输入一个表示星期几的数字（1～7），输出对应的星期字符串名称。例如，输入 2，输出"星期二"。

分析：在星期字符串中截取适当子串实现星期名称的查找，关键在于找到切片的起点和终点，而每个星期的简写都是由 3 个字符构成的，如果知道起点 start，那么终点位置为 start + 3。

程序代码如下：

```
1  weekStr = '星期一星期二星期三星期四星期五星期六星期日'
2  weekNo = int(input('请输入星期数字（1～7）: '))
3  start = (weekNo-1) * 3            #计算切片的起点
4  print(weekStr[start:start + 3])
```

运行结果：

```
请输入星期数字（1～7）: 2
星期二
```

上述程序中，使用字符串作为查找表的缺点在于每次切片的长度必须相同。【例 2-12】中切片长度为 3，在切片长度不同的情况下，该如何实现呢？请读者思考。

【例 2-13】还可以采用另一种更简单的方法实现——直接索引单字符。

程序代码如下：

```
1  weekStr = '一二三四五六日'
2  weekNo = int(input('请输入星期数字（1～7）: '))
3  print('星期'+weekStr[weekNo - 1])
```

【例 2-14】下面编写程序实现：检测用户输入中是否存在"奋斗"，如果有，则输出 True，没有则输出 False。

程序代码如下：

```
1  word = '奋斗'
2  text = input('请输入: ')
3  print(word in text)        #成员运算符，用于判断输入是否含有'奋斗'
```

运行结果：

请输入：高举中国特色社会主义伟大旗帜，为全面建设社会主义现代化国家而团结奋斗
True

3. 内置字符串处理函数

Python 解释器提供了 6 个与字符串处理有关的内置函数，如表 2-15 所示。

表 2-15　　　　　　　　　　　　　与字符串处理有关的内置函数及说明

函数	说明	示例
len(x)	返回字符串的长度	len('hello 你好')的值为 7
str(x)	返回任意类型 x 所对应的字符串形式	str(12.3)的值为'12.3'
chr(x)	返回 Unicode 编码 x 对应的单字符	chr(10004)的值为'✔'
ord(x)	返回单字符 x 表示的 Unicode 编码	ord('金')的值为 37329
hex(x)	将十进制数 x 转换为十六进制数字符串	hex(123)的值为'0x7b'
oct(x)	将十进制数 x 转换为八进制数字符串	oct(123)的值为'0o173'

len(x)函数返回字符串的长度，Python 3.x 以 Unicode 字符为计数基础，因此，字符串中的每个中、英文字符都计 1 个长度。

每个字符在计算机中可以表示为一个数字，称为编码。字符串则以编码序列方式存储在计算机中。目前，计算机系统使用的一个重要编码是 ASCII（American Standard Code for Information Interchange，美国信息交换标准代码），该编码用数字 0～127 表示计算机键盘上的常见字符以及一些特殊值。例如，小写字母 a～z 用 97～122 表示，大写字母 A～Z 用 65～90 表示。

ASCII 针对英文字符设计，它没有覆盖其他语言，因此，现代计算机系统正逐步支持一个更大的编码标准 Unicode，它支持几乎所有书写语言的字符。Python 字符串中每个字符都使用 Unicode 编码表示。

chr(x)和 ord(x)函数用于单字符和 Unicode 编码值之间进行转换，它们是一对功能相反的函数。chr(x)函数返回 Unicode 编码 x 对应的单字符，其中 Unicode 编码 x 的取值范围是 0～1114111。ord(x)函数返回单字符表示的 Unicode 编码。例如：

```
>>>"2 + 5 = 7 " + chr(10004)
'2 + 5 = 7 ✔'
>>>print('白羊座字符 ♈ 的 Unicode 值是: ' + str(ord('♈')))
白羊座字符 ♈ 的 Unicode 值是: 9800
>>>ord(chr(9800))              #两个函数功能相反
9800
```

【例 2-15】恺撒密码。在传递信息时，如果不希望信息中途被第三方看懂，这时就需要对传递的信息进行加密。传统加密算法有很多，这里介绍一种最简单且最广为人知的加密算法——恺撒密码。恺撒密码是古罗马时期恺撒大帝用来对军事情报进行加密的算法，它采用的是一种替换加密技术。即对信息中的每个英文字符循环替换为字母表序列中该字符后面第 3 个字符，对应关系如下。

原文：A B C D E F G H I J K L M N O P Q R S T U V W X Y Z
密文：D E F G H I J K L M N O P Q R S T U V W X Y Z A B C

分析： 原文字符与密文字符之间满足如下条件。

密文字符 =(原文字符 + 3) % 26

假设用户输入任意一个英文大写字母 A～Z，则输出该字母对应的密文字符。

程序代码如下：

```
1  x = input("请输入一个字符:（原文）")
2  y = chr(ord("A") + (ord(x) - ord("A") + 3) % 26)
3  print(x+'字符对应的密文是: '+y)
```

运行结果：

请输入一个字符:（原文）V
V 字符对应的密文是: Y

上述程序中仅对输入的一个英文大写字母进行加密后得到密文，请读者编写对应的解密程序。实际应用中，如果用户输入的是一串字符串构成的明文，那么如何对其进行加密呢？在学习第 3 章的循环结构后，读者可以对上述代码进行完善。

4. 内置字符串处理方法

Python 针对字符串提供了很多字符串处理方法，使用时需要注意的是，字符串是不可变数据类型（关于不可变数据类型和可变数据类型的定义，具体参见 4.6 节），因此涉及字符串修改的方法都是返回修改后的新字符串，并不对原字符串做任何修改。下面介绍一些常用的内置字符串处理方法及说明，如表 2-16 所示，其中 str 表示字符串或字符串类型的变量。

表 2-16 常用的内置字符串处理方法及说明

方法	说明
str.lower()	返回小写字符串
str.upper()	返回大写字符串
str.title()	将字符串每个单词的首字母转换为大写
str.islower()	测试字符串是否为小写字母。当 str 中所有字母都是小写时，返回 True，否则返回 False
str.isupper()	测试字符串是否为大写字母。当 str 中所有字母都是大写时，返回 True，否则返回 False
str.isdigit()	测试字符串是否为数字字符。当 str 中所有字符都是数字时，返回 True，否则返回 False
str.isalpha()	测试字符串是否为英文字母。当 str 中所有字符都是英文字母时，返回 True，否则返回 False
str.isspace()	测试字符串是否为空白字符。当 str 中所有字符都是空格时，返回 True，否则返回 False
str.startswith(prefix[, start[, end]])	str[start:end]以 prefix 开头返回 True，否则返回 False。start，end 均可省略，其意义同字符串切片，下同
str.endswith(suffix[, start[, end]])	str[start:end]以 suffix 结尾返回 True，否则返回 False
str.index(sub[,start[, end]])	str[start:end]查找 sub 子串，存在则返回首次出现的索引值，不存在则抛出异常并提示子串不存在
str.find(sub[, start[, end]])	str[start:end]查找 sub 子串，存在则返回首次出现的索引值，否则返回-1
str.count(sub[, start[, end]])	返回 str[start:end]中 sub 子串出现的次数
str.replace(old,new[,count])	所有 old 子串被 new 子串替换，如果给出 count，则替换前 count 次出现的 old
str.strip([chars])	在 str 两端删除 chars 中列出的字符
str.center(width[,fillchar])	字符串居中，如果 width>len(str)，则使用 fillchar 进行填充，默认使用空格填充；如果 width<len(str)，则返回 str
str.zfill(width)	如果 width>len(str)，不足部分在左侧以 0 填充；如果 width<len(str)，则返回 str
str.split(sep = None,maxsplit=-1)	返回一个列表，由 str 根据 sep 被分隔的多个字符串构成，默认是空白字符（包括空格、换行符、制表符等）；maxsplit 表示分割次数，默认为-1，表示不限分割次数
str.join(iterable)	将可迭代对象 iterable 用字符串 str 拼接在一起，返回拼接后的新字符串

常用方法的用法见以下示例。

◆ 字符串大小写转换。示例如下：

```
>>>s = 'Hello CHINA'
>>>print(s.lower())                    #返回小写字符串
hello china
```

```
>>>print(s.upper())                    #返回大写字符串
HELLO CHINA
>>>print(s)                            #原字符串不被修改，生成新字符串
Hello CHINA
```

◆ 字符串的检测。示例如下：

```
>>>s = 'Hello CHINA123'
>>>print(s.isalpha())                  #检测是否全部为英文字母
False
>>>print(s.isdigit())                  #检测是否全部为数字字符
False
```

◆ 字符串的查找与替换。示例如下：

```
>>>s = 'Beautiful is better than ugly.'
>>>print(s.startswith('Be'))           #检索是否以'Be'开头
True
>>>print(s.startswith('Be', 2, 5))     #指定检索范围，索引值为[2,5)的切片
False
>>>print(s.find('u'))                  #返回第一次出现的位置
3
>>>print(s.find('bbe'))                #未找到，返回-1
-1
>>>print(s.count('u'))                 #统计'u'出现的次数
3
>>>print(s.replace('u', 'aua'))        #替换
Beaauatifaual is better than auagly.
```

将字符串中指定字符全部替换，类似于 Word、记事本等文本编辑器的全部替换功能。

◆ 字符串的排版。

在使用 Word 处理文档时，有时需要对文档的格式进行调整，如标题居中、左对齐、右对齐等。示例如下：

```
>>>s = 'Hello CHINA!'
>>>print(s.center(20))
    Hello CHINA!
>>>print(s.center(20, '*'))
****Hello CHINA!****
>>>print('1234'.zfill(8))              #用于格式化数字字符串
00001234
>>>print('-1234'.zfill(8))
-0001234
```

◆ 字符串的分割与拼接。示例如下：

```
>>>s = 'apple,pear,banana,peach'
>>>print(s.split(','))                 #使用逗号进行分割
['apple', 'pear', 'banana', 'peach']
>>>s= '2022-03-17 '
>>>print(s.split('-'))
['2022', '03', '17 ']
>>>print('Python is an excellent language.'.split())
['Python', 'is', 'an', 'excellent', 'language.']
>>>s = ['apple', 'pear', 'banana', 'peach']
>>>print('*'.join(s))                  #使用*作为连接符
apple*pear*banana*peach
```

使用 split()和 join()可以删除字符串中多余的空白字符，如果有连续的多个空白字符，只保留一个。示例如下：

```
>>>s = 'a bb   ccc     d e'
>>>print(' '.join(s.split()))
a bb ccc d e
```

在进行字符串的拼接时，一般有两种方法：使用运算符"+"连接字符串和使用 join()方法。示例如下：

```
1  s1 = 'apple ' + 'peach'
2  s2 = ''.join(['apple ', 'peach'])
3  print(s1)
4  print(s2)
```

运行结果：

```
apple peach
apple peach
```

两种方法的运行结果虽然是一样的，但是随着拼接的字符串的个数增多，运算符"+"的效率会越来越低，并且会产生大量的垃圾数据，严重的话会产生大量的内存碎片而影响系统的运行。因此，运算符"+"不适用于大量长字符串的连接，而应使用 join()方法。

【例 2-16】利用编程实现简单的文字排版，使之具备删除空格和使全文英文单词首字母大写的功能。

程序代码如下：

```
1  s = input("请输入需要排版的内容: ")
2  s = s.title()                    #全文英文单词的首字母大写
3  s = ''.join(s.split())          #删除空格
4  print("排版后的内容: ",s)
```

运行结果：

```
请输入需要排版的内容: hi   人生苦短 啊，我用 python    !
排版后的内容:  Hi 人生苦短啊，我用 Python!
```

2.7.3 字符串格式化输出

Python 2.6 开始提供 format()方法对字符串进行格式化。该方法非常灵活，为程序员提供了非常大的方便。

1. format()方法的使用

字符串 format()方法的语法格式如下：

```
"模板字符串".format(用逗号分隔的参数)
```

其中，模板字符串是用于指定字符串的显示样式，由一系列槽组成，用来控制修改字符串中嵌入值出现的位置，基本思想就是将 format()方法中逗号分隔的参数按照序号关系替换到模板字符串的槽中。槽用"{}"表示，如果"{}"槽中没有序号，则按照出现顺序替换，如图 2-2 所示。如果"{}"槽中指定了使用参数的序号，按照序号对应参数替换，如图 2-3 所示，参数从 0 开始编号。

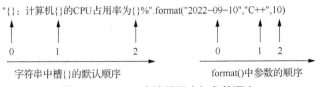

图 2-2　format()方法槽顺序与参数顺序

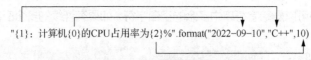

图 2-3　format()方法槽与参数的对应关系

调用 format()方法后会返回一个新的字符串。示例如下：

```
>>>"{}:计算机{}的 CPU 占用率为{}%".format("2022-09-10", "C++", 10)
'2022-09-10:计算机 C++的 CPU 占用率为 10%'
>>>"{1}:计算机{0}的 CPU 占用率为{2}%".format("2022-09-10", "C++",10)
'C++:计算机 2022-09-10 的 CPU 占用率为 10%'
```

通过上述程序可以看出，3 个参数"2022-09-10""C++""10"，它们的数据类型不完全一样，在替换时与槽只有位置上的对应关系，并不存在数据类型的匹配。因此，format()方法可以非常方便地连接不同类型的变量或内容，而无须关注替换数据的类型。

如果需要输出"{}"，采用"{{"表示"{"，采用"}}"表示"}"，例如：

```
>>>name = "王丽丽"
>>>age = 20
>>>"{{姓名}}是{}，{{年龄}}是{}，学好 Python!".format(name,age)
'{姓名}是王丽丽，{年龄}是 20，学好 Python!'
```

2. format()方法的格式控制

format()方法中模板字符串的槽除了包括参数序号，还可以包括格式控制信息，用来控制参数显示时的格式。槽的内部样式如下：

```
{参数序号: [fill] [align] [width] [,] [.precision] [type] }
```

其中，

① fill（填充）：用于指定空白处填充的字符，默认使用空格。

② align（对齐）：输出时的对齐方式，<表示左对齐，>表示右对齐，^表示居中对齐，默认为左对齐。

③ width（宽度）：当前槽的设定输出字符宽度，如果该槽对应的参数长度比宽度设定值大，则使用参数实际长度；如果该槽对应的参数长度比宽度设定值小，则空位被默认以空格字符填充。

④ ,（逗号）：数字的千位分隔符，适用于整数和浮点数。

⑤ .precision（精度）：由小数点开头，对于浮点数，精度表示小数部分输出的有效位数；对于字符串，精度表示输出的最大长度。

⑥ type（类型）：输出整数和浮点数类型的格式规则。对于整数类型字符，输出格式包括 6 种，如表 2-17 所示。对于浮点数类型字符，输出格式包括 4 种，如表 2-18 所示。输出浮点数时，尽量使用.precision 表示小数部分的宽度，有利于更好地控制输出格式。

表 2-17　　　　　　　　　　　　　　　输出整数类型格式化字符

格式化字符	说明
b	输出二进制的整数
c	输出整数对应的 Unicode 字符
d	输出十进制的整数
o	输出八进制的整数
x 或 X	输出十六进制的整数

表 2-18   输出浮点数类型格式化字符

格式化字符	说明
e 或 E	输出科学记数法的浮点数
f	输出标准浮点形式的浮点数
%	输出百分数形式的浮点数

以上 6 个参数都是可选的，可以组合使用。

下面通过示例说明格式控制符的作用。代码如下：

```
>>>s = "Python"
>>>"{:20}".format(s)                    #默认左对齐，用空格填充
'Python              '
>>>"{0:*>20}".format(s)                 #右对齐，用*填充
'**************Python'
>>>"{0:=^20}".format(s)                 #居中对齐，用=填充
'=======Python======='
>>>"{0:4}".format(s)                    #len(s)>指定宽度，原样输出
'Python'
>>>"{:-^20,}".format(1234567890)        #用逗号","进行千位分隔
'---1,234,567,890----'
>>>"{:-^20,}".format(123456.7890)       #用逗号","进行千位分隔
'----123,456.789-----'
>>>"{:-^20.2f}".format(123456.7890)     #小数部分表示有效位数为2
'-----123456.79------'
>>>"{:.4}".format("Python")             #小数部分表示字符串的长度
'Pyth'
>>>"{0:%},{0:e},{0:f}".format(3.14)
'314.000000%,3.140000e+00,3.140000'
>>>"{0:.2%},{0:.2e},{0:.2f}".format(3.142)
'314.20%,3.14e+00,3.14'
```

【例 2-17】定义一个保存学校信息的字符串模板，应用该模板输出不同学校的信息。

分析：使用 format()方法对字符串进行格式化，自定义学校信息模板，可以包含学校编号、学校名称、官网等，存放在字符串模板中，再通过槽进行格式化控制。

程序代码如下：

```
1   template = "编号:{:0>8}\t 学校名称:{}\t 官网: http://www.{}.edu.cn"
2   sch1 = template.format('4','江西财经大学','jxufe')
3   sch2 = template.format('5','南昌大学','ncu')
4   sch3 = template.format('6','江西师范大学','jxnu')
5   print(sch1)
6   print(sch2)
7   print(sch3)
```

运行结果：

```
编号:00000004    学校名称:江西财经大学    官网:http://www.jxufe.edu.cn
编号:00000005    学校名称:南昌大学        官网:http://www.ncu.edu.cn
编号:00000006    学校名称:江西师范大学    官网:http://www.jxnu.edu.cn
```

【例 2-18】输入任意字符串，统计其中元音字母（a、e、i、o、u，不区分大小写）出现的次数和频率。

分析：任意字符串中输入的字母可能大写，也可能小写，可通过 upper()全变成大写，以实

现所有字母统一大写，使用 count()方法统计字符出现的次数，最后通过 format()方法格式化输出结果。

程序代码如下：

```
1   s1 = input("请输入一串字符串: ")
2   countall = len(s1)              #计算字符串长度，方便计算频率
3   s1 = s1.upper()                 #所有字母统一大写
4   counta = s1.count('A')         #统计字符'A'出现的次数
5   counte = s1.count('E')
6   counti = s1.count('I')
7   counto = s1.count('O')
8   countu = s1.count('U')
9   print('所有字母的总数为: ', countall)
10  print('元音字母出现的次数和频率分别为: ')
11  print('A:{}\t{:<5.2f}%'.format(counta, counta/countall*100))
12  print('E:{}\t{:<5.2f}%'.format(counte, counte/countall*100))
13  print('I:{}\t{:<5.2f}%'.format(counti, counti/countall*100))
14  print('O:{}\t{:<5.2f}%'.format(counto, counto/countall*100))
15  print('U:{}\t{:<5.2f}%'.format(countu, countu/countall*100))
```

运行结果：

```
请输入一串字符串: Although practicality beats purity.
所有字母的总数为:  35
元音字母出现的次数和频率分别为:
A:4  11.43%
E:1  2.86 %
I:3  8.57 %
O:1  2.86 %
U:2  5.71 %
```

2.7.4 格式化字符串常量 f-string

f-string，又称为格式化字符串常量（formatted string literals），是 Python 3.6 开始支持的一种字符串格式化方法，其含义与字符串的 format()方法类似。f-string 在形式上是以 f 或者 F 修饰符引领的字符串（f'xxx'或 F'xxx'），以花括号 "{}" 标明被替换的字符。f-string 在本质上并不是字符串常量，而是一个在运行时运算求值的表达式。f-string 在功能方面不逊色于传统的%格式化语句（Python 早期版本中的格式化方法，本书未介绍）和字符串的 format()方法，同时性能又优于二者，且使用起来更加简洁。因此，对于 Python 3.6 及以后的版本，推荐使用 f-string 进行字符串格式化。

f-string 语法格式为：

```
f'[text1]{<expression>[!s|!r|!a][:format specifier]}[text2]'
```

其中，f（或 F）为目标字符串前缀；text1 和 text2 为可选的字符串文本；!s、!r 和!a 为可选的参数标记，指定显示字符串的样式，!s（默认）表示调用表达式的 str()，!r 表示调用表达式的 repr()，!a 表示调用表达式的 ascii()；format specifier 为格式控制标记，省略时表示默认格式，具体格式同.format()方法。示例如下：

```
>>>name = '中华人民共和国'
>>>age=2023-1949
>>>f'2023 年{name}{age}岁了。'
'2023 年中华人民共和国 74 岁了。'
>>>f'{name:.2}'
'中华'
```

```
>>>f'{name[:2]}'
'中华'
>>>f'2023 年{name!r}{age!r}岁了。'
"2023 年'中华人民共和国'74 岁了。"
>>>f'2023 年{name!a}{age!a}岁了。'
"2023 年'\\u4e2d\\u534e\\u4eba\\u6c11\\u5171\\u548c\\u56fd'74 岁了。"
>>>x = 10
>>>f'十进制数为{x:d}'
'十进制数为 10'
>>>f'加前导符的二进制形式为{x:#b}'
'加前导符的二进制形式为 0b1010'
>>>f'八进制形式为{x:>{x}o},加前导符十六进制形式为{x:#x}'
'八进制形式为          12,加前导符十六进制形式为 0xa
>>>f'小数形式有: {x:f},{x:10.2f},{x:$>{x}.2f}'
'小数形式有: 10.000000,     10.00,$$$$$10.00'
>>>f'前面用 0 填充的百分数为{x:0>10.2%}'
'前面用 0 填充的百分数为 001000.00%'
>>>f'其他形式有: {x**5:e},{x**5:G},{x**10:G},{x**7:,f}'
'其他形式有: 1.000000e+05,100000,1E+10,10,000,000.000000'
```

2.8 random 库的使用

2.8.1 random 库概述

随机数在计算机的应用中十分广泛，Python 中内置的标准库 random 主要用于生成随机数、随机数序列，以及执行一些和随机性相关的操作，比如洗牌、猜拳等。由于 random 库采用梅森旋转算法生成随机数，其结果是确定的、可预见的，称为伪随机数，并不是真的随机数，可用于对随机性要求较高的加/解密算法以外的大多数工程应用。

random 库提供了不同类型的随机数生成函数，所有函数都基于基本的 random.random()函数扩展实现。

2.8.2 random 库解析

下面给出 random 库中常用的 9 个随机数生成函数，如表 2-19 所示。

表 2-19   random 库中常用的 9 个随机数生成函数

函数	说明
seed(a = None)	初始化随机数种子，默认值为系统当前时间
random()	生成一个[0.0, 1.0)的随机小数
randint(a, b)	生成一个[a, b]的随机整数
getrandbits(k)	生成一个 k 比特长度的随机整数
randrange(start, stop[, step])	生成一个[start, stop)的，以 step 为步长的随机整数
uniform(a, b)	生成一个[a, b]的随机小数
choice(seq)	从非空的序列类型 seq 中随机返回一个元素
shuffle(seq)	将序列类型中的元素随机排列，返回打乱后的序列
sample(pop, k)	从 pop 类型中随机选取 k 个元素，返回其列表类型

在使用 random 库之前，必须先用 import 导入。

【例 2-19】种子状态。

程序代码如下：

```
>>>from random import *
>>>"{}, {}, {}".format(randint(1,10), randint(1,10), randint(1,10))
'9, 7, 7'
>>>"{}, {}, {}".format(randint(1,10), randint(1,10), randint(1,10))
'8, 2, 4'
```

上述代码中，没有设置随机数种子，因此随机数种子的默认值为系统当前时间。每次运行代码，系统当前时间不同，所以两次结果也都不一样。再来看如下代码：

```
>>>seed(1)                #随机数种子设为 1
>>>"{}, {}, {}".format(randint(1,10), randint(1,10), randint(1,10))
'3, 10, 2'
>>>"{}, {}, {}".format(randint(1,10), randint(1,10), randint(1,10))
'5, 2, 8'
>>>seed(1)                #再次将随机数种子设为 1
>>>"{}, {}, {}".format(randint(1,10), randint(1,10), randint(1,10))
'3, 10, 2'
>>>"{}, {}, {}".format(randint(1,10), randint(1,10), randint(1,10))
'5, 2, 8'
```

上述代码中，两次设置了相同的随机数种子，生成的随机数序列也相同，这种情况便于测试和同步数据。当然，这也充分证明了随机函数生成的是伪随机数。

下面给出函数示例，注意，以下语句每次执行后的结果不一定一样。

```
>>>from random import *
>>>uniform(1, 20)
15.458286453338935
>>>randrange(0, 100, 2 )          #生成[0,100)的随机偶数
82
>>>ls = [1, 3, 5, 2]             #ls 为列表类型，含 4 个元素：1、3、5、2
>>>choice(ls)                    #从列表中随机选取一个元素
2
>>>shuffle(ls)                   #将列表中 4 个元素随机排列
>>>print(ls)
[5, 2, 3, 1]
>>>sample(ls, 3)                 #从列表中随机选取 3 个元素
[2, 5, 1]
```

【例 2-20】生成随机验证码。

从字符串"0123456789abcdefghijklmnopqrstuvwxyz"中随机选取 6 个字符组成验证码输出。

分析：随机，则需要导入 random 库实现。

程序代码如下：

```
1  from random import *              #导入 random 库
2  str = "0123456789abcdefghijklmnopqrstuvwxyz"
3  result = sample(str, 6)           #从 str 中随机选取 6 个元素
4  print(result)
```

运行结果：

```
['3', '8', 'h', 's', 'x', 'y']
```

上述程序中，以字符串 str 存放组成验证码的所有元素，通过 sample()函数从中随机选取 6 个元素。此外，还可以通过 choice()每次从 str 字符串中随机得到一个元素。

程序代码如下：

```
1   from random import *              #导入 random 库
2   str = "0123456789abcdefghijklmnopqrstuvwxyz"
3   s1 = choice(str)                  #每次随机选取一个元素
4   s2 = choice(str)
5   s3 = choice(str)
6   s4 = choice(str)
7   s5 = choice(str)
8   s6 = choice(str)
9   print("请输入验证码: ",s1 + s2 + s3 + s4 + s5 + s6)
```

运行结果：

```
请输入验证码: 35wfjh
```

上述程序虽然也能随机组成 6 位验证码，但是重复的代码较多，程序的效率并不高。在学习第 3 章之后，读者可以对上述程序进行优化。从指定元素库中选取若干元素组成验证码的方法还有很多，比如通过列表实现等。一题多解的情况时有发生，随着对 Python 的不断学习，读者可以设计出更优的算法，编写出更高效的程序。

2.9 应用实例

很多人认为，成功的要素在于智商与情商。但美国宾夕法尼亚大学心理学教授达克沃思（Duckworth）通过研究发现，坚毅的品质对成功起到了关键的作用。达克沃思教授从 2007 年开始对"坚毅"（GRIT）进行研究，她认为，坚毅比天赋更能预测一个人未来的表现。在遇到挫折、失败时，仍能坚持不懈地朝着自己的目标努力，这才是决定成功的重要因素。

坚毅，能让人们保持勇往直前的精神。下面通过 Python 编程，分多种情况探讨坚毅的力量。

1. 坚持不懈型

假设当前的能力值为 1.0，每天学习时能力值提高 1‰，每天放任时能力值下降 1‰。坚持每天学习和每天放任，一年（按 360 天算）后的能力值分别是多少？当每天学习和每天放任的能力值变为 5‰时，一年后的能力值又分别是多少？

当能力值的变化为 1‰时，代码如下：

```
1   r = 0.001
2   print(f'每天学习进步{r * 1000:.0f}‰,一年后的能力值为{(1 + r) ** 360:.2f}')
3   print(f'每天放任退步{r * 1000:.0f}‰,一年后的能力值为{(1 -r) ** 360:.2f}')
```

运行结果：

```
每天学习进步 1‰,一年后的能力值为 1.43
每天放任退步 1‰,一年后的能力值为 0.70
```

当能力值的变化为 5‰时，代码如下：

```
1   r = 0.005
2   print(f'每天学习进步{r * 1000:.0f}‰,一年后的能力值为{(1 + r) ** 360:.2f}')
3   print(f'每天放任退步{r * 1000:.0f}‰,一年后的能力值为{(1 -r) ** 360:.2f}')
```

运行结果：

```
每天学习进步 5‰,一年后的能力值为 6.02
每天放任退步 5‰,一年后的能力值为 0.16
```

可以看到，每天努力程度提升 1‰时，一年后能力提高 43%，是每天放任能力值的 2 倍多。但当每天的努力程度增至 5‰时，一年后能力将提高 5 倍多，是每天放任能力值的近 40 倍！每天努力程度提高 4 倍（从 1‰增加到 5‰），能力值提高程度达 11 倍多（能力值从增加 43%提高到增加 502%）。

2. 三天打鱼两天晒网型

假定工作日努力学习，周末休息，周末休息又分为休息调整和放任休息两种情形。一年按 360 天算，每周 5 个工作日都很努力，每天能力值提高 5‰。当周末休息调整时，能力值不变；当周末休息放任时，能力值下降 5‰。一年后的能力值分别为多少？

先讨论周末休息调整的情形。假定第 1 天是周日，从周日开始分别判断这 360 天，如果是工作日则能力值提高 5‰，如果是周末，能力值不变。代码中使用 range(360) 函数，生成迭代对象，存储了 0～359 中的整数。同时，使用 for 循环逐个取出这 360 个数，让其对 7 求余数，如果余数为 1～5 则为工作日。代码如下：

```
1  r = 0.005
2  a = 1   #初始能力值为1
3  for i in range(360):    #range(360)返回可迭代对象，对象由0,1,…,359构成
4      if i % 7 in {1, 2, 3, 4, 5}: #余数为1～5，分别表示周一～周五
5          a = a * (1 + r)
6  print(f'仅工作日每天进步{r * 1000:.0f}‰，一年后的能力值为{a:.2f}')
```

运行结果：

仅工作日每天进步 5‰，一年后的能力值为 3.60

再讨论周末休息放任的情形。工作日每天努力能力值提高 5‰，周末休息放任能力值下降 5‰。代码如下：

```
1  r = 0.005
2  a = 1   #初始能力值为1
3  for i in range(360):    #range(360)返回可迭代对象，对象由0,1,…,359构成
4      if i % 7 in {1, 2, 3, 4, 5}: #余数为1～5，分别表示周一～周五
5          a = a * (1 + r)
6      else:
7          a = a * (1 - r)             #表示周六、周日
8  print(f'工作日每天进步{r*1000:.0f}‰，周末每天退步{r*1000:.0f}‰，一年后的能力值为{a:.2f}')
```

运行结果：

工作日每天进步 5‰，周末每天退步 5‰，一年后的能力值为 2.15

可以看到，与坚持不懈型相比，三天打鱼两天晒网型如果周末休息调整，一年后的能力值由增加 502%降为增加 260%；如果周末休息放任，能力值则降为增加 115%。仅仅周末休息调整，能力增加值就会下降 242%，而周末放任退步，能力增加值会下降 387%，可见天天坚持的力量之惊人。

 **本章习题**

一、选择题

1. Python 中代码注释使用的符号是（　　　）。

    A. //   B. /*…*/   C. !   D. #

2. 以下表达式在 Python 中是非法的是（　　　）。

    A. x = y = z = 10   B. x = (y = z + 10)   C. x, y=y, x   D. x += y

3. 关于变量，以下说法错误的是（　　　）。

    A. 变量不需要声明

    B. 变量无须指定数据类型

    C. 变量无须赋值就可直接使用

    D. 变量的类型是由它所指向的内存中对象的类型

4. 以下标识符中不合法的是（　　　　）。

　　A. 3.14　　　　　　　B. _sname_　　　　　C. Print　　　　　　D. 姓名

5. 在 Python 中，有 a = 100，b = False，则表达式 a ** b == 1 的结果是（　　　　）。

　　A. 0　　　　　　　　B. 1　　　　　　　　C. True　　　　　　D. False

6. 关于 random 库的描述不正确的是（　　　　）。

　　A. 生成随机数之前必须指定随机数种子

　　B. 设定相同种子，每次调用随机函数生成的随机数相同

　　C. 通过 from random import * 可以引入 random 库

　　D. 通过 import random 可以引入 random 库

7. 下列语句运行结果为（　　　　）。

```
>>>s = "PYTHON"
>>>"{:*^10.4}".format(s)
```

　　A. "**PYTHON**" B. "PYTH"　　　　　C. '***PYTH***'　　D. "PY"

8. 以下不是 Python 保留字的是（　　　　）。

　　A. for　　　　　　　B. while　　　　　　C. continue　　　　D. goto

9. 运行以下程序，输出结果是（　　　　）。

```
str1 = "East China University"
str2 = str1[:11] + "Normal " + str1[-10:]
print(str2)
```

　　A. Normal U　　　　　　　　　　　B. East China Normal

　　C. Normal University　　　　　　　　D. East China Normal University

10. 语句 eval("2 + 4 / 5")执行后的输出结果是（　　　　）。

　　A. 2.8　　　　　　　B. 2　　　　　　　　C. 2 + 4 / 5　　　　D. "2 + 4 / 5"

二、填空题

1. Python 中采用严格的_____来确定代码之间的逻辑关系和层次关系。

2. Python 的数字类型包括_____、_____、_____和_____。

3. 语句序列 x = input();print(3 * x)，当用户输入 5 时，运行结果是_____。

4. 如果 s1="Python"，那么 s1[3]的值为_____，s1[:5]的值为_____，s1[-5:-2]的值为_____，s1[::-2]的值为_____，s1[0:-1]的值为_____。

5. 1.23e-4 + 5.67e + 8j.real 语句的输出结果是_____。

6. 表达式 chr((ord('A') + 2) % 26 + ord('A'))的值是_____。

7. print(0.4 + 0.2 == 0.6)语句的输出结果是_____。

8. 如果 s='Python String'，那么执行语句(s.upper()).replace('ING','GNI')后，s 的值为_____。

9. 转义字符'\n'的含义是_____。

10. 如果 a = 3，b = -2，那么执行语句 a += b 后 a 的值为_____。

三、上机操作题

1. 编写代码：实现将用户输入的摄氏温度 C 转换为华氏温度 F。其中两者的关系是 F = C * 1.8 + 32，要求结果保留两位小数。

2. 编写代码：输入球的半径，计算球的表面积和体积（结果保留两位小数）。

3. 编写代码：求解一元二次方程 $x^2 - 10x + 16 = 0$，结果保留 4 位小数。

4. 编写代码：输入姓名和出生年份，输出姓名和年龄。

5. 编写代码，按下列要求完成操作。

输入字符串"https://tech.ifeng.com/digi/"，输出以下结果。

（1）字符串中字母 i 出现的次数。

（2）字符串中"ifeng"子字符串出现的位置。

（3）将字符串中所有的"."替换为"-"。

（4）分别使用正向切片、反向切片和混合切片提取"ifeng"和"digi"两个字符串。

（5）将字符串中的字符全变成大写。

（6）输出字符串的总字符个数。

（7）在字符串后拼接子字符串"core"。

6. 校园贷是指一些网络贷款平台面向在校大学生开展的贷款业务。近年来，一些网络借贷平台、贷款公司等利用大学生超前消费需求、自我保护能力弱的特点向在校学生提供借贷服务，使得原本为解决在校学生生活学习困难的"校园贷"变成了"校园害"。

假设某生通过校园贷借款 10000 元，日贷款利率为万分之五，约定一年后还款，保证金为 20%，不计贷款手续费。借贷平台收取"砍头息"，即放款时会扣除这一年的利息和保证金。若一年后未能按期归还本金，每天支付 0.5% 的罚息，且罚息复利计息。使用 Python 编程，回答以下问题。

（1）放款日，该生实际收到借贷平台发放的贷款为多少？

（2）假设一年后该生未能及时偿还本金，中途未进行任何还款，借款两年后该生需要支付本利和为多少？

（3）分别计算一年后按时还款的实际借款利率和两年后偿还所有本金利息的实际借款利率。

第 3 章

程序流程控制

在 Python 中，常用的程序结构包括顺序结构、选择结构和循环结构。程序中的语句默认自上而下顺序执行，但通过选择和循环结构可以改变语句的执行顺序，实现特定的业务逻辑。一个完整的选择结构或循环结构可以看作一条大的"语句"，从宏观上来说，程序中的多条"语句"还是顺序执行的。

从形式上来看，程序结构分成 3 种，但在实际编程过程中，3 种结构可能搭配在一起使用：一个程序中既有顺序结构、又有选择结构和循环结构；有的甚至还会出现"嵌套"的形式，如选择结构里面套有选择结构，选择结构里面套有循环结构，循环结构里面套有选择结构，循环结构里面套有循环结构等。

编程人员应该在掌握 Python 编程知识的基础上，灵活、巧妙地利用 3 种程序结构，以便根据实际问题需要设计出高质量的应用程序。

本章学习目标如下。

- 掌握单分支、双分支及多分支选择结构语句的使用方法。
- 能够熟练运用 while 语句和 for 语句实现循环结构。
- 掌握能够辅助控制循环执行的 break 和 continue 语句。
- 掌握 turtle 库的使用。

3.1 顺序结构

顺序结构是程序中最基本的流程控制结构，它按照语句出现的先后顺序依次执行。程序设计语言不提供专门的控制语句来表达顺序结构。顺序结构的流程图如图 3-1 所示，它表示计算机在执行完语句块 1 中的语句后，接着执行语句块 2 中的语句。

图 3-1　顺序结构的流程图

【例 3-1】设计一个程序，要求输入圆的半径，计算并输出圆的面积。

程序语句如下：

```
1  import math
2  r = eval(input('请输入圆的半径: '))
3  s = math.pi * r * r
4  print(f'半径为{r}的圆的面积为{s:.2f}。')
```

运行结果：

```
请输入圆的半径: 12
半径为 12 的圆的面积为 452.39。
```

上例中，程序按照代码出现的先后顺序依次执行。程序设计中，程序中的代码大多是顺序执行的。

3.2 选择结构

常见的选择结构有单分支、双分支、多分支、结构化模式匹配及嵌套的分支结构。Python 中使用 if 语句来实现选择结构。

3.2.1 单分支选择结构语句

单分支选择结构语法形式如下：

```
if  条件表达式:
    语句块
```

功能：当条件表达式的值为 True 或其他与 True 等价的值时，语句块被执行，否则该语句块不被执行。最后跳出分支选择结构，继续执行后面的代码（如果有）。单分支选择结构的流程图如图 3-2 所示。

微课堂

单分支选择结构语句

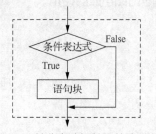

图 3-2　单分支选择结构的流程图

其中应注意如下事项。

（1）if语句后面的冒号"："必不可少，表示一个语句块的开始，并且语句块必须做相应的缩进，一般是以 4 个空格为缩进量。

（2）条件表达式可以是关系表达式、逻辑表达式、算术表达式等任何类型的表达式，只要能判断非零或者非空即可。

（3）语句块可以是单条语句，也可以是多条语句。多条语句的缩进量必须一致。

【例 3-2】输入 3 个整数，按从大到小的顺序输出。

分析：3 个数的排序，一共有 6 种可能，程序部分流程图如图 3-3 所示。

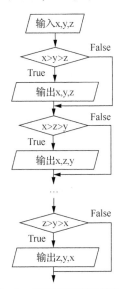

图 3-3　降序排列部分流程图

程序代码如下：

```
1   x = int(input("请输入一个整数x: "))
2   y = int(input("请输入一个整数y: "))
3   z = int(input("请输入一个整数z: "))
4   if x > y > z:
5       print("三个数降序排序结果为: ",x, y, z)
6   if x > z > y:
7       print("三个数降序排序结果为: ",x, z, y)
8   if y > x > z:
9       print("三个数降序排序结果为: ",y, x, z)
10  if y > z > x:
11      print("三个数降序排序结果为: ",y, z, x)
12  if z > x > y:
13      print("三个数降序排序结果为: ",z, x, y)
14  if z > y > x:
15      print("三个数降序排序结果为: ",z, y, x)
```

运行结果：

```
请输入一个整数x: 10
请输入一个整数y: 15
请输入一个整数z: 5
三个数降序排序结果为: 15  10  5
```

思考：如何对输入的 4 个整数进行降序输出？这 4 个整数的排序一共有 24 种可能，若采用上述的枚举法，程序将非常烦琐。

因此对 3 个数的排序可进行如下优化，优化后流程图如图 3-4 所示。

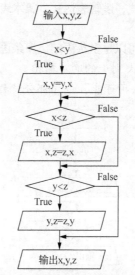

图 3-4　降序排列优化流程图

优化后的程序代码如下：

```
1   x = int(input("请输入一个整数 x: "))
2   y = int(input("请输入一个整数 y: "))
3   z = int(input("请输入一个整数 z: "))
4   if x < y:
5       x, y = y, x
6   if x < z:
7       x, z = z, x
8   if y < z:
9       y, z = z, y
10  print("三个数降序排序结果为: ", x, y, z)
```

【例 3-3】汽车限号提醒（1）。为了减轻车辆快速增长而造成的交通负担，降低机动车尾气排放量，将空气污染指数控制在一个合理的范围内，全国各地出台了相应的尾号限行政策。某地周一至周五限行机动车车牌尾号分别为：4 和 9、5 和 0、6 和 1、7 和 2、8 和 3。

程序代码如下：

```
1   x = int(input("请输入今天是星期几？（填写数字1~7）"))
2   if x == 1:
3       print("今日限行, 限行车牌尾号为: 4 和 9! ")
4   if x == 2:
5       print("今日限行, 限行车牌尾号为: 5 和 0! ")
6   if x == 3:
7       print("今日限行, 限行车牌尾号为: 6 和 1! ")
8   if x == 4:
9       print("今日限行, 限行车牌尾号为: 7 和 2! ")
10  if x == 5:
11      print("今日限行, 限行车牌尾号为: 8 和 3! ")
12  if (x == 6) or (x == 7):
13      print("今日不限行! ")
```

运行结果：
请输入今天是星期几？（填写数字1~7）3
今日限行，限行车牌尾号为：6和1！

3.2.2 双分支选择结构语句

微课堂

双分支结构语法形式如下：

```
if  条件表达式:
    语句块 1
else:
    语句块 2
```

双分支选择结构语句

功能：当条件表达式的值为 True 或其他与 True 等价的值时，执行语句块 1，否则执行语句块 2。最后跳出分支结构，继续执行后面的代码（如果有）。双分支选择结构的流程图如图 3-5 所示。

其中应注意如下事项。

（1）else 语句一定不可以单独使用，必须和 if 一起使用。

（2）if、else 语句后面都必须有冒号 "："。

【例 3-4】汽车限号提醒（2）。

如果用户只关心今日是否限行两种情况，可以通过双分支语句完成。程序代码如下：

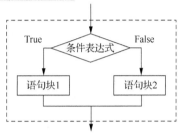

图 3-5　双分支选择结构的流程图

```
1  x = int(input("请输入今天是星期几？（填写数字1~7）"))
2  if (x != 6) and (x != 7):
3      print("今日限行！")
4  else:
5      print("今日不限行！")
```

运行结果：
请输入今天是星期几？（填写数字1~7）3
今日限行！

双分支选择结构还有一种更简洁的表达方式，适合通过判断条件表达式返回特定值。语法格式如下：

`<表达式 1>  if  <条件表达式>  else  <表达式 2>`

当条件表达式的值为 True 或其他与 True 等价的值时，返回表达式 1 的值，否则返回表达式 2 的值。其中，表达式 1、2 一般是数字类型或字符串类型的一个值。

例如，"如果 x>=0，则 y=x，否则 y=0" 可以表达为：

```
>>>x = 5
>>>y = x if (x >= 0) else 0
>>>y
5
```

另外，双分支简洁结构中表达式 1、2 中可以嵌套使用 if-else，实现复杂的多分支选择结构。但这样的代码可读性非常差，不建议使用。例如：

```
>>>x = 9
>>>(1 if x > 2 else 0) if x > 5 else ("a" if x < 5 else "b" )
1
>>>x = 0
>>>(1 if x > 2 else 0) if x > 5 else ("a" if x < 5 else "b" )
"a"
```

因此，【例 3-4】汽车限号提醒（2）的程序还可修改为如下代码：

```
1  x = int(input("请输入今天是星期几？（填写数字1~7）"))
2  print("今日{}！".format("限行" if (x != 6) and (x != 7) else "不限行"))
```

Python 程序设计：

理论、案例与实践（微课版）

【例 3-5】利用编程判断某一年是否为闰年。判断闰年的条件是：年份能被 4 整除但不能被 100 整除，或者能被 400 整除。判断闰年的流程图如图 3-6 所示。

图 3-6　判断闰年的流程图

程序代码如下：

```
1  Year = int(input("请输入任意年份: "))
2  if (Year % 4 == 0 and Year % 100 != 0) or Year % 400 == 0:
3      print("是闰年")
4  else:
5      print("不是闰年")
```

多次运行程序，得到的结果如下：

```
>>>
请输入任意年份: 2022
不是闰年
>>>
请输入任意年份: 2020
是闰年
```

3.2.3　多分支选择结构语句

多分支选择结构是双分支选择结构的扩展，通常用于设置同一个判断条件的多条执行路径。多分支选择结构语法形式如下：

```
if  条件表达式 1:
    语句块 1
elif 条件表达式 2:
    语句块 2
elif 条件表达式 3:
    语句块 3
…
[else:
    语句块 n]
```

功能：依次评估和寻找第一个结果为 True 或其他与 True 等价的条件，执行该条件下的语句块；如果没有任何条件成立，else 下面的语句块将被执行（else 子句是可选的）；最后跳出分支结构，继续执行后面的代码（如果有）。多分支选择结构的流程图如图 3-7 所示。

其中应注意如下事项。

（1）elif 是 else if 的缩写，必须和 if 一起使用，不能单独使用。

（2）if、elif、else 语句后面都必须有冒号"："。

在【例 3-3】汽车限号提醒（1）的程序中通过多条独立的 if 语句对同一个变量 x 进行判断，这种情况更适合使用多分支选择结构，优化后的代码如下：

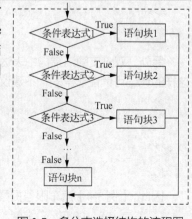

图 3-7　多分支选择结构的流程图

```
1   x = int(input("请输入今天是星期几？（填写数字1～7）"))
2   if x == 1:
3       print("今日限行，限行车牌尾号为：4和9！")
4   elif x == 2:
5       print("今日限行，限行车牌尾号为：5和0！")
6   elif x == 3:
7       print("今日限行，限行车牌尾号为：6和1！")
8   elif x == 4:
9       print("今日限行，限行车牌尾号为：7和2！")
10  elif x == 5:
11      print("今日限行，限行车牌尾号为：8和3！")
12  else:
13      print("今日不限行！")
```

【例 3-6】猜数字游戏（1）。"猜数字"是一个古老的益智类密码破译小游戏，通常由两个人参与。游戏开始后一个人设置一个数字，一个人猜数字，每当猜数字的人说出一个数字时由设置数字的人告知是否猜中，具体如下。

若猜的数字大于设置的数字，提示"很遗憾，你猜大了！"。

若猜的数字小于设置的数字，提示"很遗憾，你猜小了！"。

若猜中，则提示"恭喜，猜数成功！"。

假设，程序中预设的数字为 9（0～9 的任意数字），猜数字游戏流程图如图 3-8 所示。

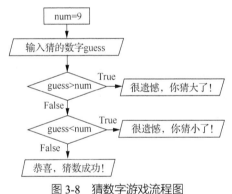

图 3-8　猜数字游戏流程图

程序代码如下：

```
1   num = 9
2   guess = int(input("请猜0～9的数字："))
3   if guess > num:
4       print("很遗憾，你猜大了！")
5   elif guess < num:
6       print("很遗憾，你猜小了！")
7   else:
8       print("恭喜，猜数成功！")
```

多次运行程序，分别得到的结果如下：

```
>>>请猜0～9的数字：5
很遗憾，你猜小了！
>>>
请猜0～9的数字：9
恭喜，猜数成功！
```

```
>>>
请猜 0～9 的数字: 10
很遗憾，你猜大了!
>>>
请猜 0～9 的数字: -4
很遗憾，你猜小了!
```

 注意

　　以上程序未考虑用户输入错误或非法的情况，请读者思考如何对程序进一步优化。相
关内容参考第 6 章。

3.2.4 结构化模式匹配语句

　　Python 3.10 中新增了一个结构化模式匹配语句 match-case，类似于其他语言如 C 语言中的
switch-case，它可以方便地匹配想要的内容，可以部分替代 if-elif-else 多分支语句，减少代码量。
match-case 语句语法形式如下:

```
match  变量名:
    case pattern_1:
        语句块 1
    case pattern_2:
        语句块 2
        …
    case  _:
        语句块 n
```

　　功能: 将变量的值依次匹配 case 后面的模式，寻找到第一个匹配的模式则结束匹配，执行对应
case 块内的语句; 如果没有匹配的模式，则执行 case _块内的语句。注意，最后一个 case 语句与_
之间有空格。

　　示例代码如下:

```
1   s = int(input('请输入数值: '))
2   match s:
3       case 1: print('星期一')          #少量语句可以写在同一行
4       case 2: print('星期二')
5       case 3: print('星期三')
6       case 4: print('星期四')
7       case 5: print('星期五')
8       case 6: print('星期六')
9       case 7:
10          print('星期天')              #也可另起一行缩进
11      case _ : print('输入错误')
```

　　多次运行程序，得到结果如下:

```
>>>
请输入数值: 1
星期一
>>>
请输入数值: 10
输入错误
```

　　此外，match-case 还可以使用逻辑或符号"|"实现多条件匹配，"case pattern_1| pattern_2|

pattern_3|…" 如同 "if 条件 1 or 条件 2 or 条件 3…"

对上面的示例程序进行如下修改：

```
1   s=int(input('请输入数值: '))
2   match s:
3       case 1 | 2 | 3 | 4 | 5:              #逻辑或|符号
4           print('工作日')
5       case 6 | 7:
6           print('周末')
7       case _:
8           print('输入错误')
```

多次运行程序，分别得到如下结果：

```
>>>
请输入数值: 1
工作日
>>>
请输入数值: 5
工作日
>>>
请输入数值: 7
周末
>>>
请输入数值: 10
输入错误
```

match-case 语句不仅可以匹配数字、字符串、列表、字典、元组等不同的数据类型，而且支持通配符匹配。通过对第 4 章的学习，读者可深入理解它更多的用法。

3.2.5 分支语句的嵌套

前面介绍了 4 种形式的分支语句，其中，前 3 种形式的分支语句可以互相嵌套来实现复杂的业务逻辑。

例如，在最简单的 if 语句中嵌套 if-else 语句，语法如下：

```
if  表达式 1:
    语句块 1
    if  表达式 2:
        语句块 2
    else:
        语句块 3
```

上面语法示意中的代码层次与隶属关系如图 3-9 所示，注意相同层次的代码必须具有相同的缩进量。

再如，在 if-else 语句中嵌套 if-else 语句，语法如下：

```
if 表达式 1:
    语句块 1
    if 表达式 2:
        语句块 2
    else:
        语句块 3
else:
    if 表达式 4:
        语句块 4
```

```
else:
    语句块 5
```

上面语法示意中的代码层次与隶属关系如图 3-10 所示。

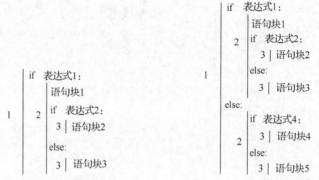

图 3-9　代码层次与隶属关系　　　　图 3-10　代码层次与隶属关系

if 语句还有多种嵌套方式，如在 if-else 语句中嵌套 if-elif-else 语句，if-elif-else 语句中嵌套 if-else 语句等，此处不再一一举例，请读者自行思考。读者在开发程序时，可以根据自身需要选择合适的嵌套方式，但一定要严格控制好不同级别代码块的缩进量。因为这决定了不同代码块的隶属关系和业务逻辑是否能被正确地实现，以及代码是否能够被解释器正确理解和执行。

从【例 3-6】猜数字游戏（1）的运行结果可以看出，对于用户输入的非法数据，程序并不能给出正确的结果。对其进行如下优化：首先采用 if-else 双分支语句将用户输入的数据分为合法数据和非法数据两种情况；当用户输入合法数据时，采用 if-elif-else 多分支语句将其划分为"猜大了""猜小了""猜中"3 种情况；当用户输入非法数据时，系统提示"数据错误!"。

整个程序可以采用 if-else 语句中嵌套 if-elif-else 语句实现。假设程序中预设数字为 9。

优化后程序代码如下：

```
1   num = 9
2   guess = int(input("请猜 0～9 的数字: "))
3   if 0 <= guess <= 9:
4       if guess > num:
5           print("很遗憾，你猜大了! ")
6       elif guess < num:
7           print("很遗憾，你猜小了! ")
8       else:
9           print("恭喜，猜数成功! ")
10  else:
11      print("数据错误! ")
```

多次运行程序，得到结果如下：

```
>>>
请猜 0～9 的数字: 5
很遗憾，你猜小了!
>>>
请猜 0～9 的数字: 9
恭喜，猜数成功!
>>>
请猜 0～9 的数字: 10
数据错误!
```

【例 3-7】判断闰年的其他方法。利用编程判断某一年是否为闰年，判断闰年的条件是：年份能被 4 整除但不能被 100 整除，或者能被 400 整除。

方法一：双分支语句（代码见【例 3-5】）。

方法二：分支的嵌套。该方法判断闰年的流程图如图 3-11 所示。

图 3-11　判断闰年流程图

程序代码如下：

```
 1  Year = int(input("请输入一个四位数的年份："))
 2  if Year % 400 == 0 :
 3      print("是闰年")
 4  else:
 5      if Year % 4 == 0 :
 6          if Year % 100 == 0 :
 7              print("不是闰年")
 8          else:
 9              print("是闰年")
10      else:
11          print("不是闰年")
```

在上述程序中，通过条件表达式，用 if-else 语句的嵌套，对多个条件进行组合判断。编写程序过程中，要特别注意 if 与哪一个 else 配对：即第 2 行代码的 if 与第 4 行 else 配对、第 5 行 if 与第 10 行 else 配对、第 6 行 if 与第 8 行 else 配对。如果缩进位置弄错了，就无法得到正确的结果。所以，一般不推荐采用多层嵌套。

方法三：多分支语句。

程序代码如下：

```
 1  Year = int(input("请输入一个四位数的年份："))
 2  if (Year % 400 == 0):
 3      print("是闰年")
 4  elif (Year % 4 !=0 ):
 5      print("不是闰年")
 6  elif (Year % 100 == 0):
 7      print("不是闰年")
 8  else:
 9      print("是闰年")
```

上述程序采用了多分支结构对闰年的各种情况进行判断，这种采用 if-elif-else 多分支语句进行程序设计的方式十分常见。

【例 3-8】阶梯电价。为了提倡居民节约用电，某省电力公司执行"阶梯电价"，安装一户一表的居民用户电价分为 3 个"阶梯"。

第一档：年用电量 0~2160 千瓦时，电价为 0.6 元/千瓦时。

第二档：年用电量 2160~4200 千瓦时，超出部分电价为 0.65 元/千瓦时。

第三档：年用电量超过 4200 千瓦时，超出部分电价为 0.9 元/千瓦时。

请编写程序计算电费。

分析：根据外部输入的年用电量 x，电费 cost 的判断逻辑如下。

```
if 0 <= x <= 2160, cost = 0.6 * x
if 2160 <= x <= 4200, cost = 2160 * 0.6 + (x - 2160) * 0.65
if x > 4200, cost = 2160 * 0.6 + (4200 - 2160) * 0.65 + (x -4200) * 0.9
```

最后，输出电费。

程序代码如下：

```
1   x = float(input("请输入年用电量: "))
2   if x >= 0:
3       if x <= 2160:
4           cost = 0.6 * x
5       elif 4200 >= x >= 2161:
6           cost = 2160 * 0.6 + (x - 2160) * 0.65
7       else:
8           cost = 2160 * 0.6 + (4200 - 2160) * 0.65 + (x - 4200) * 0.9
9       print("应付电费: ",cost)
10  else:
11      print("数据错误! ")
```

运行结果：

```
请输入年用电量: 1000
应付电费: 600.0
```

该程序使用 if-else 双分支语句将用户输入的年用电量分为合法和非法数据两种情况，然后在合法的情况下根据年用电量 x 的取值范围进行分类，使用 if-elif-else 多分支语句实现。整个程序使用 if-else 语句中嵌套 if-elif-else，代码清晰明了，读者易于理解。该程序还可以采用单分支或多分支语句实现，具体代码由读者自行完成。

【例 3-9】判断回文。输入一个字符串 S，判断 S 是否是回文数；如果是回文数，判断该字符串是否以 "69" 开头；如果是，则输出该字符串中的一半字符。

分析：回文数是指一个数正向排列与反向排列一样，例如 121 是回文数，可以通过字符串的索引访问，也可以通过字符串的切片得到 S 的倒置串 S[::-1]；判断是否以 "69" 开头，可以使用 S.startswith()方法；字符串的一半则通过 len(S)//2 得到索引值的范围。

程序代码如下：

```
1   S = input('请输入数字字符串: ')
2   if S == S[::-1]:                    #判断原串跟倒置串是否相等
3       print("是回文数")
4       if S.startswith("69"):          #判断是否以 "69" 开头
5           x = len(S) // 2
6           print("字符串中的一半字符是: ", S[0:x]) #获得一半的切片
7   else:
8       print("不是回文数")
```

运行结果：

```
请输入数字字符串: 699878996
是回文数
字符串中的一半字符是:  6998
```

综上所述，利用 Python 提供的条件运算符、逻辑运算符和 if 语句，可以完成各种复杂的选择结构。不过需要注意的是，在编写程序的过程中，并不提倡使用过多的嵌套结构，那样会增加程序的复杂性，导致程序的可读性非常差。

3.3 循环结构

日常生活中，我们会发现很多重复的现象，比如每天昼夜交替，一年四季周而复始，我们学习知识也是一个"实践—理论—再实践"的周而复始的过程。程序开发中同样可能出现代码的重复执行，这就是循环结构。

循环结构用来重复执行一条或多条语句，被重复执行的那些语句块称为循环体。使用循环结构，可以减少源程序重复书写的工作量。

循环结构在程序设计中的应用极为广泛，Python 中主要有 while 语句循环结构、for 语句循环结构及嵌套的循环结构，并且经常和选择结构嵌套使用来实现更为复杂的业务逻辑。有时为了提前结束循环，需用到 break 或 continue 语句。下面进行具体介绍。

3.3.1 while 循环结构语句

while 语句通过判断条件来控制是否要继续执行循环体中的语句块，通常用于循环次数不确定的场合。语法形式如下：

```
while  条件表达式：
    循环体
```

功能：当条件表达式的值为 True 或其他与 True 等价的值时，循环体中的语句块被重复执行，直到条件表达式的值为 False 时才退出循环；然后，继续执行后面与 while 同级别缩进的代码（如果有）。while 语句循环结构的流程图如图 3-12 所示。

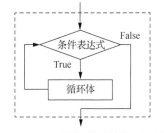

其中需注意的事项如下。

（1）while 语句后面的冒号"："必不可少。

（2）循环体可以是单条语句，也可以是多条语句。多条语句的缩进量必须一致。

图 3-12　while 语句循环结构的流程图

（3）使用 while 语句时，要注意条件的设置，否则可能会导致无限循环。若发现程序陷入了无限循环，可以按"Ctrl+C"强制中断程序的执行。

【例 3-10】对用户输入的 N 个数据求和。

分析： 用户输入 N 个数据后，累加求和的次数就是确定的数，因此可采用 while 语句实现多个数的循环累加。累加求和流程图如图 3-13 所示。

程序代码如下：

```
1  N = int(input("请输入求和的数据个数: "))
2  i = 1
3  sum = 0
4  while i <= N:
5      y = int(input(f"请输入第{i}个数据: "))
6      sum = sum + y
7      i = i + 1
8  print(f"{N}个数的和是: {sum}")
```

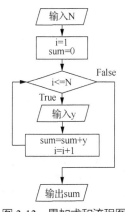

图 3-13　累加求和流程图

运行结果：

> 请输入求和的数据个数: 4
> 请输入第 1 个数据: 1
> 请输入第 2 个数据: 3
> 请输入第 3 个数据: 4
> 请输入第 4 个数据: 10
> 4 个数的和是: 18

循环结构一般由 3 个部分组成：循环变量的初始化、循环条件和循环体。在上述程序中，循环变量的初始化是对变量 i 赋初值，即第 2 行代码 i = 1；循环条件为第 4 行代码，判断 i <= N 是否为 True；循环体由多条语句构成，循环体内一般含有改变循环变量的语句，即第 7 行代码 i = i + 1，使得循环条件（i <= N）趋于 False，结束循环。综上，循环结构在实际开发中十分常见，使用得当能够事半功倍，提高程序效率。但如果循环变量使用不当，有可能陷入无限循环，导致程序无法正确运行，甚至影响系统的性能。

下面对【例 3-10】中的程序进行如下 3 种情况的改写，请读者分析程序的运行结果。

第一种情况：缺少循环变量的初始化语句，运行结果如何？

```
1  N = int(input("请输入求和的数据个数: "))
2  sum = 0
3  while i <= N:
4      y = int(input(f"请输入第{i}个数据: "))
5      sum = sum + y
6      i = i + 1
7  print(f"{N}个数的和是: {sum}")
```

第二种情况：循环体中缺少改变循环变量的语句，运行结果如何？

```
1  N = eval(input("请输入求和的数据个数: "))
2  i = 1
3  sum = 0
4  while i <= N:
5      y = int(input(f"请输入第{i}个数据: "))
6      sum = sum + y
7  print(f"{N}个数的和是: {sum}")
```

第三种情况：循环变量赋初值且循环体中也有改变循环变量的语句，运行结果如何？

```
1  N = int(input("请输入求和的数据个数: "))
2  i = N
3  sum = 0
4  while i <= N:
5      y = int(input(f"请输入第{i}个数据: "))
6      sum = sum + y
7      i = i - 1
8  print(f"{N}个数的和是: {sum}")
```

如果希望程序可以一直重复操作，则可以将循环条件设为 True，这样便会进入无限循环。例如：

```
1  while True:
2      print("一直输出, 无限循环……")
```

以上示例执行后会在控制台一直输出"一直输出，无限循环……"。若希望程序能够停止，需要单击终止运行按钮或按"Ctrl+C"组合键。需要注意的是，虽然在使用循环结构的时候要避免无限循环，但在实际开发中有些程序需要无限循环，比如游戏的主程序、操作系统中的监控程序等。但无限循环会占用大量内存，影响程序和系统的性能，开发者需酌情使用。

【例 3-11】用户登录模块。用户输入账号和密码进行登录，如果错误，则继续输入，直到账号和密码正确为止，显示"登录成功"。假设账号为"user"，密码为"123456"。

分析： 用户成功输入账号和密码的次数是不确定的，因此采用while语句实现多次循环输入，直到账号和密码正确结束循环。

程序代码如下：

```
1   Id = input("请输入账号: ")
2   Pwd = input("请输入密码: ")
3   while (Id != "user") or (Pwd != "123456"):
4       print("账号或密码有误，请重新输入! ")
5       Id = input("请重新输入账号: ")
6       Pwd = input("请重新输入密码: ")
7   print("登录成功")
```

运行结果：

```
请输入账号: hello
请输入密码: 111111
账号或密码有误，请重新输入!
请重新输入账号: user
请重新输入密码: 111111
账号或密码有误，请重新输入!
请重新输入账号: hello
请重新输入密码: 123456
账号或密码有误，请重新输入!
请重新输入账号: user
请重新输入密码: 123456
登录成功
```

上述程序可以应用于QQ登录、网游登录、电子邮箱登录等不同的登录场景。但程序并没有对用户输入账号和密码的次数进行限制，而在有些应用场景中，如登录网上银行，密码若连续3次输入错误，账户会被冻结。请读者思考如何对用户登录模块进行优化，限制用户输入的次数。

【例3-12】 猜数字游戏（2）。对【例3-6】进行如下改进，若玩家猜错则继续猜，直到猜中为止，统计玩家猜中所用次数。程序中预设的数字为0～9的随机数。

分析： 预设的数字num由随机函数给出，可以通过random库实现。玩家循环猜数字guess，直到猜中，重复的次数是不确定的，因此采用while循环语句实现，循环条件为"guess != num"，即"未猜中"。当（guess != num）为True（未猜中），提示"大了"或"小了"，猜测次数count + 1，继续猜数，然后循环判断，直到（guess != num）为False（猜中），结束循环，输出猜中所用的次数count。根据分析可知，该算法是循环结构中嵌套分支结构。

程序代码如下：

```
1    import random
2    num = random.randint(0, 9)
3    guess = int(input("请猜一个 0～9 的数字: "))
4    count = 1
5    while guess != num:
6        if guess > num:
7            print("很遗憾，你猜大了! ")
8        else:
9            print("很遗憾，你猜小了! ")
10       guess = int(input("请猜一个 0～9 的数字: "))
11       count += 1
12   print(f"预测{count}次，猜中了! ")
```

多次运行程序，结果如下：

```
>>>
请猜一个 0～9 的数字: 5
很遗憾，你猜大了!
请猜一个 0～9 的数字: 2
很遗憾，你猜大了!
请猜一个 0～9 的数字: 1
很遗憾，你猜大了!
请猜一个 0～9 的数字: 0
预测 4 次，猜中了!
>>>
请猜一个 0～9 的数字: 5
很遗憾，你猜小了!
请猜一个 0～9 的数字: 7
预测 2 次，猜中了!
```

上述程序中使用了随机函数 randint()，因此每次运行的结果不一定完全一样。

3.3.2 | for 循环结构语句

for 语句一般用于实现遍历循环。遍历循环是从序列中逐一提取元素，赋值给循环变量，对提取的每个元素执行一次循环体，一直到遍历完序列中的每个元素后结束循环；然后继续执行后面与 for 同级别缩进的代码（如果有）。for 循环结构流程图如图 3-14 所示。因此 for 语句的循环次数是由序列中元素的个数决定的。

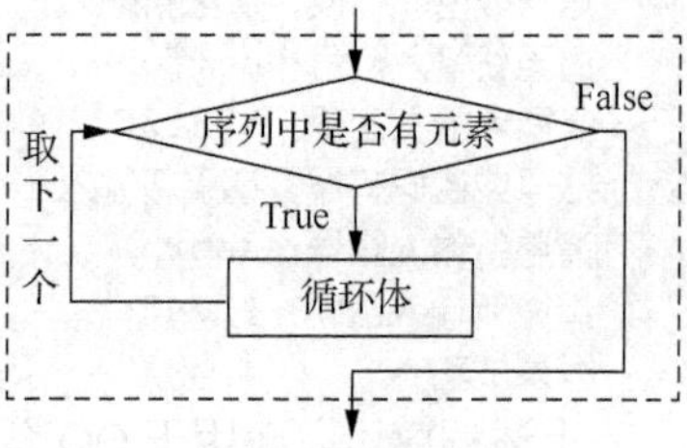

for 语句语法形式如下：

```
for  循环变量  in  遍历结构:
    循环体
```

图 3-14 for 循环结构流程图

其中需注意的事项如下。

（1）for 语句后面的冒号 "：" 必不可少。

（2）遍历结构可以是字符串、文件、列表、元组、字典、集合等，也可以是 range() 函数。

【例 3-13】遍历字符串中的字符并输出。

程序代码如下：

```
1  str = "Hello"
2  for i in str:
3      print(i)
```

运行结果：

```
H
e
l
l
o
```

执行上面的程序时，第 2 行代码 for 语句对字符串 str 中的字符进行遍历，依次取出每一个字符并赋值给循环变量 i，再通过 print() 函数输出。循环次数为 5，由 len(str) 决定。

range() 函数是 Python 内置的函数，用于生成一系列连续的整数。其语法形式如下：

```
range(start, stop, step)
```

其中，start 表示起始值，可以省略，如果省略则表示从 0 开始；stop 表示终值，不可省略；step 表示步长，即两个数之间的间隔，可以省略，如果省略则表示步长为 1。

下面通过例子说明 range()函数的各种用法。

① range(n)只有一个参数时，n 表示终值，起始值默认为 0，步长默认为 1，生成一个含有 0、1…n-1 的整数序列，取值范围为[0,n)。例如，range(0)是一个空序列，range(4)生成一个整数序列 0、1、2、3。

② range(m, n)有两个参数时，m 表示起始值，n 表示终值，步长默认为 1，生成一个含有 m、m+1…n-1 的整数序列，取值范围为[m, n)。例如，range(m, m)是一个空序列，range(4, 7)生成一个整数序列 4、5、6。

③ range(m, n, s)有 3 个参数时，m 表示起始值，n 表示终值，s 表示步长，生成一个序列含有 m、m＋s、m＋2＊s…，终值 n 不取。如果 m＞n 且 s 为负数，则从大往小取值。例如，range(1, 7, 2)生成一个整数序列 1、3、5，range(7, 1, –2)生成一个整数序列 7、5、3。

for 语句中经常使用 range()函数来控制循环次数。例如：

```
>>>for i in range(-10, -100, -30):
        print(i, end=" ")
-10 -40 -70
```

在【例 3-13】中遍历字符串中的字符并输出，还可以使用 range()函数实现。

```
1   str = "Hello"
2   for i in range(len(str)):      #range()生成 0～4，分别赋值给 i
3       print(str[i])              #i 作为索引值
```

【例 3-14】求 1～100 中所有奇数的和以及偶数的和。

分析：在确定循环次数的情况下，可以采用 while 语句或 for 语句实现。

（1）while 语句实现代码如下：

```
1    sum_odd = 0      #奇数和
2    sum_even = 0     #偶数和
3    i = 1            #循环变量初始化
4    while i <= 100:  #循环条件
5        if i %2 != 0:
6            sum_odd += i
7        else:
8            sum_even += i
9        i += 1        #循环变量修改
10   print(f"奇数和为：{sum_odd}，偶数和为：{sum_even}")
```

运行结果：

```
奇数和为：2500，偶数和为：2550
```

（2）for 语句实现代码如下：

```
1    sum_odd = 0      #奇数和
2    sum_even = 0     #偶数和
3    for i in range(1, 101):          #循环变量初值，循环条件，循环变量修改
4        if i % 2 != 0:
5            sum_odd += i
6        else:
7            sum_even += i
8    print(f"奇数和为：{sum_odd}，偶数和为：{ sum_even }")
```

前面提到过循环结构的 3 要素：循环变量的初始化、循环条件和循环体中循环变量的修改。while 语句的 3 要素分别体现在第 3 行代码 i = 1，第 4 行代码 i <= 100，第 9 行代码 i += 1 中；而 for 语句的 3 要素分别体现在第 3 行代码 range(1, 101)函数中，循环变量初值为 1，循环条件为 i < 101，循环变量的修改即默认步长 1。

　　如果通过 while 语句实现上述计数循环，需要在循环之前对计数器 i 进行初始化，并且在每次循环中对计数器 i 进行累加。相比之下，在 for 语句中循环变量逐一遍历 range()函数中的值，不需要程序维护计数器。显然，for 语句更简单、方便。

　　进度条是计算机处理任务或执行软件中常用的增强用户体验的重要手段，它以图形的方式实时显示任务或软件的执行进度。

　　【例 3-15】 编写一个单行动态刷新进度条。

　　分析： 进度百分比从 0～100%，用 "*" 表示已经完成的部分，用 "." 表示未完成的部分。由于程序执行速度超过人眼的视觉停留时间，为了让用户体验更好，需要调用 Python 标准时间库 time，使用 time.sleep(t)函数让程序暂停 t 秒。想要达到单行显示的效果，必须在原位置覆盖输出，使用'\r'转义字符让光标回到行首。

　　程序代码如下：

```
1  import time
2  length = 50        # 文本进度条的宽度
3  print('=' * 23 + '开始下载' + '=' * 25)
4  for i in range(length + 1):
5      completed = "*" * i        # "*"表示已完成
6      incomplete = "." * (length-i)  # "."表示未完成
7      per = (i / 50) * 100   # 完成百分比
8      print("\r{:.0f}%[{}{}]".format(per, completed, incomplete), end="")
9      time.sleep(0.5)
10 print("\n" + '='*23 + '下载完成' + '='*25)
```

运行结果如图 3-15 所示。

图 3-15　文本进度条

　　注：该程序必须在控制台中运行方能看到如图所示的运行结果，比如集成开发环境 PyCharm 中。Python 集成开发环境 IDLE 不是控制台，不能处理'\r'这样的控制字符，因此无法显示如图所示的运行效果。

　　综上所述，while 循环一般用于循环次数难以提前确定的情况；for 循环一般用于循环次数可以提前确定的情况，尤其适用于枚举或遍历序列中元素的场合。

3.3.3　循环的嵌套

　　在一个循环结构的循环体内又包含另一个循环结构，这就是循环的嵌套，又称为多重循环。这种嵌套式的结构说明各循环结构之间是"包含"关系，即一个循环结构完全在另一个循环结构里面，不能交叉。通常，位于里面的循环称为"内循环"，外面的循环称为"外循环"。一般用得较多的是双重循环或三重循环，嵌套层数再多就容易造成混乱。对于较为复杂的问题，单循环往往解决不了，就需要通过循环的嵌套来实现，因此掌握循环的嵌套方法非常重要。

　　for 循环和 while 循环可以互相嵌套，一般有以下 4 种嵌套形式。

　　（1）while 循环中嵌套 while 循环

　　语法形式如下：

```
while 条件表达式 1:        #外循环
    while 条件表达式 2:        #内循环
```

```
        循环体 2
    循环体 1
```

（2）while 循环中嵌套 for 循环

语法形式如下：

```
while 条件表达式：                    #外循环
    for 循环变量 in 遍历结构：         #内循环
        循环体 2
    循环体 1
```

（3）for 循环中嵌套 for 循环

语法形式如下：

```
for 循环变量1 in 遍历结构1：          #外循环
    for 循环变量2 in 遍历结构2：       #内循环
        循环体 2
    循环体 1
```

（4）for 循环中嵌套 while 循环

语法形式如下：

```
for 循环变量 in 遍历结构：            #外循环
    while 条件表达式：                #内循环
        循环体 2
    循环体 1
```

【例 3-16】有如下循环嵌套程序，计算内循环总共循环了多少次。

```
1  for i in range(1,4):              #外循环
2      print("外循环执行第{}次".format(i))
3      for j in range(1,3):          #内循环
4          print("-->内循环执行第{}次".format(j),end=" ")
5      print()                       #换行
```

运行结果：

```
外循环执行第 1 次
-->内循环执行第 1 次 -->内循环执行第 2 次
外循环执行第 2 次
-->内循环执行第 1 次 -->内循环执行第 2 次
外循环执行第 3 次
-->内循环执行第 1 次 -->内循环执行第 2 次
```

由此可见，循环嵌套的执行过程：外循环的循环体语句执行了 3 次，内循环的循环体语句执行了 2*3=6 次。

请读者思考下面的程序，内循环总共循环了多少次。

```
1  for i in range(1,4):              #外循环
2      print("外循环执行第{}次".format(i))
3      for j in range(1,i):          #内循环
4          print("-->内循环执行第{}次".format(j), end=" ")
5      print()
```

【例 3-17】使用循环的嵌套，输出三角图形，如图 3-16 所示。

```
   *
   **
   ***
   ****
```

图 3-16　要输出的三角图形

分析： 外循环的循环变量 i 控制行数，范围是 1~4，内循环的循环变量 j 控制列数。当 i=1，输出 1 列；i=2，输出 2 列，i=3，输出 3 列……因此行数与列数的关系式为 j=i，内循环次数为 1~i。

程序代码如下：

```
1   for i in range(1, 5):              #输出 4 行
2       for j in range(1, i + 1):      #控制列数
3           print("*", end = "")       #内循环输出*
4       print()                        #换行
```

 注意

第 3 行代码 print("*", end = "")中是 1 个"*"，表示通过内循环的变量 j 可以重复执行该语句 i 次，即输出 i 个"*"。第 4 行代码 print()是实现换行，当一行图形输出结束后再换行，在此之前是不需要换行的，通过 end = ""参数去掉换行效果。

上述程序也可用 while 循环嵌套或单循环实现，请读者自行思考。一般输出图形的程序中采用 for 循环嵌套更简单、方便，代码模板如下：

```
1   for i in range(1, __A__):          #A 处填入 (行数+1)
2       for j in range(1, __B__):      #B 处填入 (列数+1)
3           print("__C__", end="")     #C 处填入每次输出的内容
4       print()
```

【例 3-18】 输出由 1、2、3、4 组成的互不相同且无重复的 3 位数。

分析： 可填在百位、十位、个位的数字都是 1、2、3、4。组成所有的排列后再去掉不满足条件的排列。采用三重循环实现。

程序代码如下：

```
1   for i in range(1, 5):              #百位
2       for j in range(1, 5):          #十位
3           for x in range(1, 5):      #个位
4               if (i != j) and (j != x) and (x != i): #去除重复
5                   print(str(i) + str(j) + str(x))
```

运行结果：

```
123
124
...
431
432
```

满足条件的 3 位数一共有 24 个，当输出结果较多时，可以对输出数据进行格式化，比如按每行 5 个数据输出。优化后的代码如下：

```
1   count = 0                          #增加一个计数器
2   for i in range(1, 5):              #百位
3       for j in range(1, 5):          #十位
4           for x in range(1, 5):      #个位
5               if (i !=j ) and (j != x) and (x != i):
6                   print(str(i) + str(j) + str(x) + "\t", end="")
7                   count += 1         #找到满足条件的数，计数器+1
8                   if count % 5 == 0:
9                       print()        #换行
```

```
10 │ print()
11 │ print(f"满足条件的数一共有{count}个")
```

运行结果：

```
123      124      132      134      142
143      213      214      231      234
241      243      312      314      321
324      341      342      412      413
421      423      431      432
```

满足条件的数一共有 24 个

3.3.4 │ 循环中的 break 和 continue 语句

前面介绍的 for 语句和 while 语句循环结构都只有在循环条件不成立时才结束循环。但有时在某种情况下需要提前结束正在执行的循环操作。例如，在 ATM（Automated Teller Machine，自动柜员机）取款时输入密码的最大次数为 3 次，如果 3 次密码都输入错误则冻结账户；如果密码输入正确就提前结束，进入下一个界面。这种场景下，可以使用 break 和 continue 语句提前结束循环。

1. break 语句

break 语句可以提前结束循环，执行循环语句的后继语句。如果使用循环嵌套，break 语句只能跳出它所在层的循环。在 while 语句中使用 break 语句的语法形式如下：

```
while 条件表达式 1:
    语句 1
    if 条件表达式 2:
        break
    语句 2
```

循环中使用 break 语句的流程图如图 3-17 所示。for 语句中使用 break 语句同理。

2. continue 语句

continue 语句可以提前结束本次循环，跳过当前循环的剩余语句，接着执行下次循环，该语句并不会终止整个循环。在 while 语句中使用 continue 语句的形式如下：

```
while 条件表达式 1:
    语句 1
    if 条件表达式 2:
        continue
    语句 2
```

循环中使用 continue 语句的流程图如图 3-18 所示。for 语句中使用 continue 语句同理。

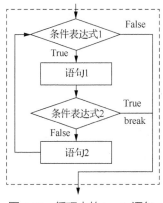

图 3-17　循环中的 break 语句

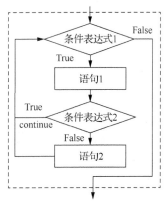

图 3-18　循环中的 continue 语句

break 和 continue 语句在 for 和 while 语句中都可以使用，一般会与 if 语句搭配使用，以达到在特定条件满足时，改变循环执行流程的目的。需要注意的是，程序中过多地使用它们，会严重降低程序的可读性。因此，除非使用 break 或 continue 语句可以让代码更加简洁、清晰，否则在程序中尽量少用。

下面通过两个程序，对比 break 和 continue 语句，如下：

```
1  for char in "Python":
2      if char == "h":
3          break
4      print(char, end="")
```

```
1  for char in "Python":
2      if char == "h":
3          continue
4      print(char, end="")
```

两个程序的运行结果分别如下：

```
Pyt                                          Pyton
```

从以上结果可以得出如下结论：

（1）break 语句中，程序没有输出字符"h"及后面的字符，说明程序遍历到字符"h"时结束了整个循环。

（2）continue 语句中，程序没有输出字符"h"，说明程序遍历到字符"h"时结束了本次循环，跳过了剩余的语句，继续执行下一次循环。

【例 3-19】模拟 ATM 程序。提示用户输入密码，如果密码正确，显示"恭喜，可以取款了！"；如果密码错误，继续输入，直至连续 3 次均输错，显示"卡已冻结！"。

分析：最多循环输入 3 次密码，循环次数是确定的，因此可以采用 while 或 for 语句实现。如果 3 次机会用完，循环正常结束；如果密码输入正确，则提前结束循环，使用 break 语句实现。假设初始密码为"123456"。

程序代码如下：

```
1  print("欢迎使用 ATM! ")
2  Pwd = input("请输入密码: ")
3  i = 1
4  while i <= 2:
5      if  Pwd == "123456":
6          break
7      else:
8          Pwd = input("密码错误，重新输入: ")
9          i += 1
10 if  Pwd == "123456":
11     print("恭喜，可以取款了! ")
12 else:
13     print("卡已冻结! ")
```

运行结果：

```
欢迎使用 ATM!
请输入密码: 123456
恭喜，可以取款了!
```

【例 3-20】统计输入字符串的长度，按 Q 或 q 结束。

分析：循环次数不确定，采用 while 语句输入字符串并统计该字符串的长度，直到用户输入 Q 或 q 则强制结束循环。

程序代码如下：

```
1  while True:
2      s = input("请输入字符串（按 Q 或 q 结束): ")
```

```
3        if s.upper() == "Q":
4            break
5        print("字符串的长度为: ", len(s))
6    print("输入结束")
```

运行结果:

请输入字符串（按 Q 或 q 结束）: Hello China!
字符串的长度为: 12
请输入字符串（按 Q 或 q 结束）: 你好，中国!
字符串的长度为: 6
请输入字符串（按 Q 或 q 结束）: q
输入结束

【例 3-21】输出 50 以内能被 7 整除但不能被 5 整除的所有整数。

分析: 需要对 1～50 的每一个整数进行判断，如果满足条件，则输出该数；如果不满足条件，则不输出。

程序代码如下:

```
1    for i in range(1, 51):
2        if (i % 7 != 0) or (i % 5 == 0):
3            continue
4        print(i)
```

运行结果:

```
7
14
21
28
42
49
```

以上程序中，当第 2 行代码 if 条件为 True，即 i 不能被 7 整除或能被 5 整除时，执行 continue 语句，流程跳过第 4 行代码 print(i)，结束本次循环，循环变量变为 i+1，继续下一轮循环。如果 i 能被 7 整除且不能被 5 整除则输出。

当然，程序中循环体也可以不用 continue 语句，而改用一个 if 语句。示例如下:

```
1    if (i % 7 == 0) and (i % 5 != 0):
2        print(i)
```

使用 if 语句的效果与使用 continue 语句一样。此处只是为了说明 continue 语句的作用，为读者提供不同的思路和方法，使编写程序更加灵活、多样。

在双重循环中，如果内循环的循环体有一条 break 语句，那么是提前结束内循环，还是终止整个循环？结合下面的程序，请读者自行思考。

```
1    for i in range(1, 4):
2        for j in range(1, 4):
3            if j == 2:
4                print("#####")
5                print()
6                break
7            else:
8                print("*****")
9    print("END!")
```

3.3.5 循环中的 else 子句

for 语句和 while 语句中都存在一个 else 扩展用法。else 中的语句块只有在循环正常终止时才会执行，即循环正常遍历完所有元素或由于条件不成立而结束循环，不是因为 break 语句提前结束循环。continue 语句对 else 没有影响。

下面通过两个程序，对比 for-break-else 和 for-continue-else 语句，如下：

```
1  for char in "Python":
2      if char == "h":
3          break
4      print(char, end="")
5  else:
6      print("正常结束循环")
```

```
1  for char in "Python":
2      if char == "h":
3          continue
4      print(char, end="")
5  else:
6      print("正常结束循环")
```

两个程序的运行结果分别如下：

```
Pyt
```

```
Python 正常结束循环
```

3.4 turtle 库的使用

turtle 库是 Python 中一个非常流行的入门级的图形绘制函数库。turtle 即海龟。想象一只小海龟在画布上移动，其爬行的轨迹绘制成了各种图形，如同用户使用笔在纸上绘图。turtle 图形绘制的概念诞生于 1969 年，成功应用于 LOGO 编程语言，由于 turtle 图形绘制十分直观且深受中小学生以及不同年龄的编程初学者的喜爱，已成为 Python 内置的一个标准库。

使用 turtle 库之前需要在程序开始处使用 import 进行引用。turtle 库的使用主要分为创建画布、设置画笔和绘制图形。下面从这几方面来介绍常用函数。

3.4.1 创建画布

图形窗口，又称为画布。控制台无法绘制图形，因此需要先使用 setup() 函数创建画布，该函数的语法格式如下：

```
setup(width, height, startx=None, starty=None)
```

功能：设置画布的大小和位置。

参数如下。

● width：画布的宽度。如果值为整数，表示像素值；如果值为小数，表示画布宽度占计算机屏幕的比例。

● height：画布的高度。如果值为整数，表示像素值；如果值为小数，表示画布高度占计算机屏幕的比例。

● startx：画布左侧与计算机屏幕左侧的像素距离。如果值为 None，表示画布位于计算机屏幕水平中央。

● starty：画布顶部与计算机屏幕顶部的像素距离。如果值为 None，表示画布位于计算机屏幕垂直中央。

● （startx, starty）：这一坐标表示画布左上角顶点的起始位置，计算机屏幕左上方起始点为（0,0），默认画布中心即计算机屏幕的中心。

setup() 函数各参数的含义如图 3-19 所示。

比如 turtle.setup(800, 400, 0, 0)，运行结果如图 3-20 所示。

setup() 函数不是必需的，只有当需要设置画布的大小和位置时才使用。注意：使用 turtle 库绘制图形后应调用 turtle.done() 函数声明绘制结束。

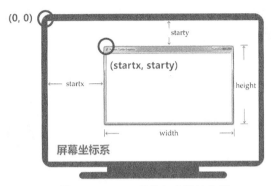

图 3-19 setup()函数各参数的含义

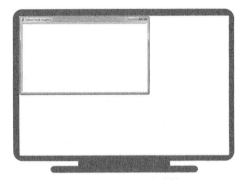

图 3-20 setup(800,400,0,0)的运行结果

3.4.2 设置画笔

画笔的设置包括画笔属性和画笔状态。turtle 库中定义了相关的函数，下面分别对这些函数进行介绍。

1. 画笔属性函数

◆ pensize(width) | width()。

功能：设置画笔的粗细。

参数：width 指定画笔的宽度，默认时返回当前画笔宽度。

◆ pencolor()、fillcolor()。

功能：设置画笔的颜色或填充颜色。

参数：默认时返回当前画笔颜色或当前填充颜色。

上面两个函数的参数值有以下 3 种表示方式。

字符串：表示颜色的字符串。如"red""yellow""green"等。

(r,g,b)：颜色对应的 RGB 数值，有整数值和小数值 2 种。

十六进制值：如"#FFFFFF"。

部分常见颜色的各种表示方法及其对应关系如表 3-1 所示。

表 3-1　　　　　　　　　　部分常见颜色的各种表示方法及其对应关系

颜色	字符串	RGB 整数值	RGB 小数值	十六进制值
白色	white	(255, 255, 255)	(1, 1, 1)	#FFFFFF
黄色	yellow	(255, 255, 0)	(1, 1, 0)	#FFFF00
蓝色	blue	(0, 0, 255)	(0, 0, 1)	#0000FF
黑色	black	(0, 0, 0)	(0, 0, 0)	#000000
棕色	brown	(165, 42, 42)	(0.65, 0.16, 0.16)	#A22A2A
紫色	purple	(160, 32, 240)	(0.63, 0.13, 0.94)	#A020F0
青色	cyan	(0, 255, 255)	(0, 1, 1)	#00FFFF

参数 color 的 3 种表示方式中，字符串和十六进制值表示的颜色可以直接使用。RGB 数值表示的颜色需使用 colormode(mode)函数设置颜色模式，mode 值为 1.0，表示小数值模式；mode 值为 255，表示整数值模式。具体示例如下：

```
1  import turtle
2  turtle.pencolor("blue")       #使用字符串表示颜色
3  turtle.pencolor("#0000FF")    #使用十六进制值表示颜色
4  turtle.colormode(1.0)         #使用 RGB 小数值模式
5  turtle.pencolor((0, 0, 1))    #一个 RGB 小数值
```

```
6  | turtle.colormode(255)           #使用 RGB 整数值模式
7  | turtle.pencolor((0, 0, 255))
8  | turtle.done()
```

◆ color(color1,color2)。

功能：同时设置画笔的颜色和填充颜色。

参数：pencolor=color1, fillcolor=color2。

◆ speed(speed)。

功能：设置画笔的移动速度。

参数：speed 取值范围为[0,10]的整数，值越大，速度越快。

2. 画笔状态函数

◆ penup() | pu() | up()。

功能：抬起画笔，之后移动画笔不绘制形状。

参数：无。

◆ pendown() | pd() | down()。

功能：落下画笔，之后移动画笔将绘制形状。

参数：无。

◆ shape(name = None)。

功能：将 turtle 画笔的形状设置为给定名称的形状，参数为空时表示返回当前 turtle 的形状。

参数：name 可取值为 classic、turtle、arrow、square、circle 和 triangle 等。

3.4.3 绘制图形

当落下画笔时，通过画笔的移动可以在画布上绘制图形。画笔即小海龟，这时它可以向前、向后、向左、向右移动，海龟爬行时在画布上留下的痕迹就是绘制的图形。为了控制图形的输出位置，首先需要了解 turtle 的坐标体系。turtle 坐标体系以画布中心为原点，以原点右侧为 x 轴正方向，原点上方为 y 轴正方向。初始时，小海龟位于画布正中央，此处坐标为（0,0），默认前进方向为水平向右，如图 3-21 所示。

turtle 库中画笔控制函数主要分为移动控制、角度控制、图形绘制和图形填充等。

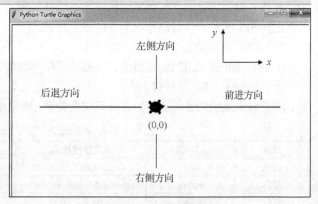

图 3-21　turtle 坐标体系

1. 移动控制

◆ forward(distance) | fd()。

功能：画笔向前移动。

参数：distance 表示画笔移动的距离，单位为像素，可正、可负，正数表示前进，负数表示后退。

◆ backward(distance) | bk() | back()。

功能：画笔向后移动。

参数：distance 可正、可负，正数表示后退，负数表示前进。

◆ goto(*x*,*y*) | setpos(*x*,*y*)。

功能：画笔移动到画布上指定的位置。

参数：*x*,*y* 分别表示目标位置的横坐标和纵坐标。

2. 角度控制

◆ right(angle) | rt()。

功能：画笔向右转动，不移动。

参数：angle 角度的值，表示海龟当前行进方向上旋转的角度，与当前方向有关。可正、可负，正数表示向右转动，负数表示向左转动。

◆ left(angle) | lt()。

功能：画笔向左转动，不移动。

参数：angle 角度的值，表示海龟当前行进方向上旋转的角度，与当前方向有关。可正、可负，正数表示向左转动，负数表示向右转动。

◆ seth(angle) | setheading()。

功能：设置画笔的朝向。

参数：angle 表示画笔在角度坐标体系中的绝对方向，与画笔当前方向无关。

turtle 库的角度坐标体系以 *x* 轴正方向为 0°，以逆时针方向为正，角度从 0° 逐渐增大；以顺时针方向为负，角度从 0° 逐渐减小，如图 3-22 所示。

角度坐标体系是方向的绝对方向体系，与小海龟爬行当前方向无关。用户可以利用该坐标体系随时改变小海龟的前进方向，供 seth() 等函数使用。

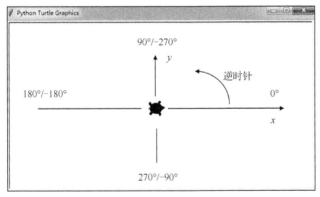

图 3-22　turtle 角度坐标体系

【例 3-22】绘制一个边长为 100 像素的正方形。

程序代码如下：

```
1  import turtle as t
2  t.forward(100)
3  t.right(90)
4  t.forward(100)
5  t.right(90)
6  t.forward(100)
7  t.right(90)
8  t.forward(100)
9  t.right(90)
10 t.done()
```

运行结果如图 3-23 所示。

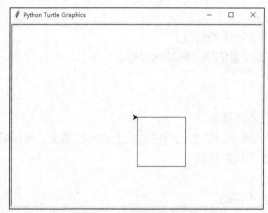

图 3-23　正方形的绘制

初始时，小海龟位于画布正中央（0,0）处，默认前进方向为水平向右，forward(100)表示前进 100 像素，right(90)表示在当前方向向右转动 90°，继续前进、右转、前进、右转……绘制正方形的 8 行代码需重复执行 4 次，因此可以采用循环结构进行优化。优化后的代码如下：

```
1  import turtle as t
2  for i in range(1, 5):
3      t.forward(100)
4      t.right(90)
5  t.done()
```

3. 图形绘制

◆　circle(radius, extent=None)。

功能：根据半径 radius 绘制 extend 角度的圆。

参数：radius 表示半径，当值为正数时，圆心在小海龟左侧；当值为负数时，圆心在小海龟右侧。extent 表示绘制弧形的角度，当值为正数时，顺小海龟当前方向绘制；当值为负数时，逆小海龟当前方向绘制；当无该参数或为默认值时，绘制整个圆。

例如，绘制半径为 100/-100，弧度为 90/-90 的弧线，绘制结果如图 3-24 所示。

◆　dot(r,color)。

功能：在当前位置绘制指定直径和颜色的圆点。

参数：r 表示圆点的直径，color 表示颜色。

◆　write(arg, move=False, align="left", font = ("Arial", 8, "normal"))。

功能：在画笔当前位置绘制文本。

参数：arg 表示输出文本。move 可选，若为 True，画笔移到输出文本右下角；默认为 False，表示画笔不移动。align 可选，表示对齐方式，包括 left、center、right 等。font 可选，分别表示字体名称、文字大小和字体类型。

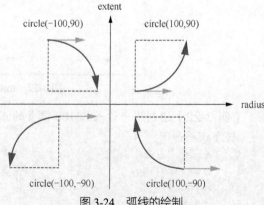

图 3-24　弧线的绘制

4. 图形填充

◆　fillcolor()：设置填充颜色。

◆　begin_fill()：准备开始填充图形，无参数。

◆ end_fill()：填充完成，无参数。

合理使用上述介绍的 turtle 库中的基本绘图函数，可以绘制简单、有趣的图形，也可结合逻辑代码生成可视化图表。除了本节介绍的函数外，turtle 库中还定义了其他功能的函数，读者可自行查阅 Python 官方文档进行学习。

【例 3-23】绘制一个红色的五角星图形，如图 3-25 所示。

方法一：采用 for 语句实现，前进，右转循环 5 次可完成该图形。

程序代码如下：

```
1  import turtle as t
2  t.fillcolor("red")        #设置填充色
3  t.begin_fill()
4  for i in range(1, 6):
5      t.forward(200)
6      t.right(144)
7  t.end_fill()
8  t.done()
```

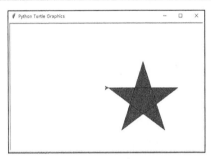

图 3-25　五角星

方法二：采用 while 语句实现，当终点又回到原点(0,0)时，结束循环。使用 turtle.pos()函数获取小海龟当前的坐标，abs(turtle.pos())表示当前位置与原点(0,0)之间的距离。

程序代码如下：

```
1   import turtle as t
2   t.fillcolor("red")            #设置填充色
3   t.begin_fill()
4   while True:
5       t.forward(200)
6       t.right(144)
7       if abs(t.pos())<1:        #判断画笔是否回到原点
8           break
9   t.end_fill()
10  t.done()
```

3.5　应用实例

【例 3-24】输出 30 以内的所有素数。

分析：素数，又称为质数，是指在大于 1 的自然数中，只能被 1 和它本身整除的数。需要通过循环的嵌套实现，其中外循环对 2～30 的所有整数进行遍历，内循环用来判断当前这个整数是否是素数。判断一个数 n 是否是素数：逐个测试[2, n-1]区间上的数是否能够整除 n。程序流程图如图 3-26 所示。

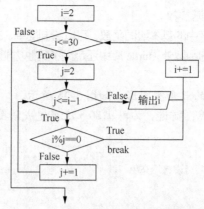

图 3-26　输出 30 以内素数的流程图

程序代码如下：

```
1   for i in range(2, 31):
2       for j in range(2, i):
3           if i%j == 0:
4               break
5       else:
6           print(i, end = " ")
```

运行结果：

```
2 3 5 7 11 13 17 19 23 29
```

上述代码中，判断素数的算法可以进一步优化，只需判断从 2 到 n 的平方根这个范围即可。对于整数 n 来说，循环次数和余数运算的次数减少是非常可观的，n 越大，算法效率的提高就越明显。具体代码由读者自行完成。

【例 3-25】绘制红、蓝、绿、黄 4 种颜色的圆形螺旋，运行结果如图 3-27 所示。

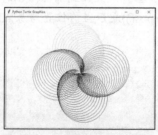

图 3-27　4 种颜色的圆形螺旋

程序代码如下：

```
1   import turtle as t
2   colors=["red", "blue", "green", "yellow"]   #使用列表变量存放 4 种颜色
3   for i in range(100):
4       t.pencolor(colors[i % 4])   #通过列表索引值读取颜色，同字符串索引
5       t.circle(i)
6       t.left(91)
7   t.done()
```

下面给出一段短小却富有创意的代码，请读者思考其运行结果。

```
1   import turtle as t
2   t.penup()
3   t.seth(-90)
```

```
4    t.fd(160)
5    t.pendown()
6    t.pensize(20)
7    t.colormode(255)
8    for i in range(10):
9        t.speed(1000)
10       t.pencolor(25 * i, 5 * i, 15 * i)
11       t.seth(130)
12       t.fd(220)
13       for j in range(23):
14           t.circle(-80, 10)
15       t.seth(100)
16       for j in range(23):
17           t.circle(-80, 10)
18       t.fd(220)
19   t.done()
```

综上所述，实际开发中，在正确实现了预定功能后，一般还需要再优化代码以提高执行效率，程序员可以从算法优化和程序编写技巧两方面着手。

在编写循环语句时，特别是在多重循环嵌套的情况下，应尽量减少循环内部不必要或无关的计算，与循环变量无关的代码应尽可能放在循环之外。

学习编程语言没有任何的捷径，唯有勤学、勤练、勤思考，反复实践方能熟能生巧。

本章习题

一、选择题

1. 下列选项中，(　　　) 不是流程图常用的图框。

   A. 平行四边形框　　B. 菱形框　　　　C. 三角形框　　　　D. 矩形框

2. 以下关于程序控制结构描述错误的是 (　　　)。

   A. 单分支结构是用 if 保留字判断满足一个条件，就执行相应的处理代码

   B. 双分支结构是用 if-else 根据条件的真假，执行两种处理代码

   C. 多分支结构是用 if-elif-else 处理多种可能的情况

   D. 在 Python 程序流程图中，可以用处理框表示计算的输出结果

3. 以下程序的输出结果是 (　　　)。

```
1    a = 30
2    b = 1
3    if a > =10:
4        a = 20
5    elif a >= 20:
6        a = 30
7    elif a >= 30:
8        b = a
9    else:
10       b = 0
11   print('a={}, b={}'.format(a, b))
```

   A. a=30, b=1　　　B. a=20, b=1　　　C. a=20, b=20　　　D. a=30, b=30

4. 不改变绘制方向的 turtle 命令是 (　　　)。

   A. turtle.fd()　　　B. turtle.seth()　　　C. turtle.right()　　　D. turtle.circle()

5. 关于分支结构的说法不正确的是（　　）。

   A. if 语句中语句块执行与否依赖于条件判断

   B. if 语句中条件部分可以使用任何能够产生 True 和 False 的表达式

   C. Python 通过 if、else 保留字实现单分支、双分支和多分支结构

   D. 多分支结构是双分支的扩展，可设置同一判断条件的多条执行路径

6. 程序的基本结构不包括（　　）。

   A. 顺序结构　　　　B. 分支结构　　　　C. 循环结构　　　　D. 跳转结构

7. 以下代码的运行结果是（　　）。

```
1  for i in range(3, 10, 3):
2      if i % 2:
3          print(i)
```

   A. 3　　　　　　B. 6　　　　　　C. 6　　　　　　D. 3

     9　　　　　　 9　　　　　　　　　　　　　　 6

                                            9

8. 以下程序的输出结果是（　　）。

```
1  j = ''
2  for i in '12345':
3      j += i+','
4  print(j)
```

   A. 1,2,3,4,5　　　B. 12345　　　C. '1,2,3,4,5'　　D. 1,2,3,4,5,

9. 以下程序，输入 qa，输出结果是（　　）。

```
1   k= 0
2   while True:
3       s=input('请输入 q 退出: ')
4       if s == 'q':
5           k += 1
6           continue
7       else:
8           k += 2
9       break
10  print(k)
```

   A. 2　　　　　　B. 请输入 q 退出：　C. 3　　　　　D. 1

10. 以下程序的输出结果是（　　）。

```
1  for i in range(3):
2      for s in 'abcd':
3          if s == 'c':
4              break
5          print(s, end='')
```

   A. abcabcabc　　　B. aaabbbccc　　　C. aaabbb　　　D. ababab

11. 以下关于分支和循环结构的描述，错误的是（　　）。

   A. Python 在分支和循环语句里使用例如 x <=y <= z 的表达式是合法的

   B. 分支结构中的代码块用冒号来标记

   C. while 循环如果设计不小心会出现死循环

   D. 双分支结构的"<表达式 1>　if<条件> else <表达式 2>"形式，适合用来控制程序分支

12. 以下程序的输出结果是（　　　）。

```
1  x = 10
2  while x:
3      x -= 1
4      if not x% 2:
5          print(x, end='')
6  else:
7      print(x)
```

  A. 86420   B. 975311   C. 97531   D. 864200

13. 以下语句执行后 a、b、c 的值是（　　　）。

```
1  a = 'watermelon'
2  b = 'strawberry'
3  c= 'cherry'
4  if a > b:
5      c = a
6      a = b
7      b = c
```

  A. strawberry watermelon watermelon B. strawberry cherry watermelon
  C. watermelon strawberry cherry   D. watermelon cherry strawberry

14. 假设 x = 10，y = 20，下列语句能正确运行结束的是（　　　）。

  A. max = x > y ? x:y   B. if (x > y) print(x)
  C. min = x if x < y else y   D. while True:pass

二、填空题

1. Python 中的循环语句有_____循环和_____循环。

2. _____语句可以跳出本次循环，执行下一次循环；_____语句可以提前结束循环。

3. if 条件之后要使用_____，表示接下来是满足条件之后要执行的代码块。

4. 执行以下程序，如果输入 93python22，则输出结果是_____。

```
1  w = input('请输入数字和字母构成的字符串: ')
2  for x in w:
3      if '0' <= x <= '9':
4          continue
5      else:
6          w.replace(x, '')
7  print(w)
```

5. 语句 for i in range(3, 10, 2):表示 i 的值分别为_____，循环_____次。

6. 执行以下 Python 语句后产生的结果是_____。

```
1  i=1
2  if (i):print(True)
3  else:print(False)
```

7. 在 match-case 语句中，当没有匹配时，执行_____块内的代码。

8. 条件表达式的结果为 0、空串""、空列表[]、空字典{}、空元组（）时，bool 的值为_____，否则 bool 的值为_____。

9. 当执行到 while True:…无限循环语句时，可以使用_____结束循环。

三、上机操作题

1. 使用字符串格式化输出如图 3-28 所示的田字格。

图 3-28　田字格

2. 计算 $6 + 66 + 666 + \cdots$ 前 10 项之和。

3. 编程实现：计算前 n 项的和 $S_n = 1 - 3 + 5 - 7 + \cdots$，$n$ 由用户输入。

4. 用户输入一串字符，统计其中小写字母的个数，并输出统计结果。重复上述过程，直到用户输入"stop"为止。

5. 检查并统计字符串中包含的英文单引号的对数。如果没有找到，就输出"没有单引号"；每统计到 2 个单引号，就算 1 对，如果找到 2 对，则输出"找到了 2 对单引号"；如果找到 3 个单引号，则输出"有 1 对配对单引号，存在没有配对的单引号"。

6. 使用 turtle 库绘制奥运五环。

7. 利用循环结构，绘制图 3-29 所示的四叶草。

图 3-29　四叶草

第 4 章

组合数据类型

除数字、字符串等基本类型之外，Python 还提供了列表、元组、字典和集合等组合数据类型。熟练掌握 Python 组合数据类型可以更加快速、有效地解决实际问题。本章主要介绍列表、元组、集合及字典等数据类型及基本操作，讲解如何使用 jieba 库对英文及中文文档进行分词，并进一步介绍文档词频统计方法。

本章学习目标如下。

- 了解 4 类基本组合数据类型的特点。
- 理解列表概念并掌握 Python 中列表的使用方法。
- 理解元组概念并掌握 Python 元组的基本操作。
- 理解字典概念并掌握 Python 中字典的使用方法。
- 运用集合概念并掌握 Python 中集合的使用方法。
- 学会运用字典处理复杂的数据信息。
- 学会运用组合数据类型进行文本词频统计。

4.1 组合数据类型概述

组合数据类型能够将多个同类型或不同类型的数据组织起来，通过单一的表示使数据操作更有序、更容易。组合数据类型可以容纳批量数据，因而也称为容器数据类型。从是否有序这个角度来看，组合数据类型分为 2 类：序列类型和无序类型。

序列类型是程序设计中经常用到的数据存储方式，几乎每一种程序设计语言都提供了类似的数据结构，如 C 语言和 Visual Basic 中的一维、多维数组等。简单来说，序列是一块用来存放多个值的连续内存空间。一般而言，在实际开发中同一个序列的各元素是相关的，而且大多具有相同的类型。Python 提供的序列类型可以说是所有程序设计语言类似数据结构中最灵活的，也是功能最强大的。序列类型是一个元素向量，元素之间存在先后关系，可通过序号访问，Python 提供的序列类型包括字符串、列表及元组。由于字符串类型十分常用且单一字符串只表示一个含义，因此也被看作基本数据类型。这 3 种序列类型均支持双向索引，第一个元素索引为 0，第二个元素索引为 1，以此类推；如果使用负数作为索引，则最后一个元素索引为-1，倒数第二个元素索引为-2，以此类推。允许使用负整数作为序列索引是 Python 的一大特色，熟练掌握和运用可以大幅度提高开发效率。

无序类型是一个元素集合体，元素之间没有顺序。Python 提供的无序类型包括集合和字典类型。集合是一个元素集合，相同元素在集合中唯一存在。字典的每一个元素是一个键值对，表示为(key: value)。

从是否可变这个角度看，组合数据类型可以分为可变类型和不可变类型。列表、字典和集合为可变类型，而字符串和元组属于不可变类型。Python组合数据类型分类构成如图 4-1 所示。对于序列类型，Python 提供了 12 个通用的操作符和函数，如表 4-1 所示。

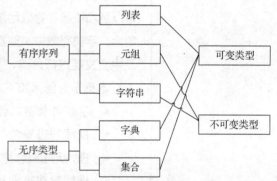

图 4-1　Python 组合数据类型分类构成

表 4-1　　　　　　　　　　　　序列类型的通用操作符和函数

操作符或函数	描述
x in s	如果 x 是序列 s 的元素，返回 True，否则返回 False
x not in s	如果 x 不是序列 s 的元素，返回 True，否则返回 False
s + t	连接 s 和 t
s * n 或 n * s	将序列 s 复制 n 次
s[i]	索引，返回序列的第 i 个元素
s[i:j]	切片，返回包含序列 s 第 i 到 j 个元素的子序列（不包含第 j 个元素）
s[i:j:k]	规律切片，返回包含序列 s 第 i 到 j 个元素以 k 为步长的子序列
len(s)	序列 s 的元素个数（长度）
min(s)	序列 s 中的最小元素
max(s)	序列 s 中的最大元素
s.index(x[, i[, j]])	序列 s 中从 i 开始到 j 位置中第一次出现元素 x 的位置
s.count(x)	序列 s 中出现元素 x 的总次数

4.2 列表

4.2.1 列表类型的概念

列表由一系列按特定顺序排列的元素组成。在形式上，列表的所有元素放在一对方括号中，相邻元素之间使用英文半角逗号分隔开。用户可以创建包含字母表中所有字母、数字 0～9 或所有家庭成员姓名的列表，也可以将任何东西加入列表中，其中的元素之间可以没有任何关系。例如，如下都是合法的列表对象：

```
[1, 2, 3, 4, 5]
['tom', 'jack', 'john', 'marry']
[1, "python", 2.0, [10, 20]]
[[1, 3, 5], [2, 4, 6]]
```

列表存放在有序连续内存空间，当列表增加或删除元素时，列表对象自动进行内存的扩展或收缩，从而保证元素之间没有缝隙。列表内存的自动管理可以大幅度减少程序员的负担，但列表的这个特点会涉及列表中大量元素的移动，效率较低，计算机的开销较大，并且对于某些操作可能会导致意外的错误结果。因此，除非确实有必要，否则应尽量从列表尾部进行元素的增加与删除操作，这样做会大幅度提高列表处理速度。

4.2.2 列表对象的创建与删除

与其他类型的 Python 对象变量一样，使用赋值运算符 "=" 直接将一个列表赋值给变量即可创建列表对象。例如：

```
>>>a_list = ['a', 'b', 'c', 'jxufe']
>>>a_list = []    #创建空列表
```

或者，也可以使用 list()函数将元组、range 对象、字符串或其他类型的可迭代对象类型的数据转换为列表。例如：

微课堂

列表对象的创建与删除

```
>>>a_list = list((1, 3, 5, 7))    #将元组转换成列表类型
>>>list(range(1, 10, 2))
[1, 3, 5, 7, 9]
>>>list('hello china!')
['h', 'e', 'l', 'l', 'o', ' ', 'c', 'h', 'i', 'n', 'a', '!']
>>>a = list()    #创建空列表, a 的值为[]
```

当不再使用某列表变量时，可使用 del 命令删除：

```
>>> a_list = [1, 2]
>>> a_list
[1, 2]
>>> del a_list
>>> a_list
Traceback (most recent call last):
  File "<pyshell#4>", line 1, in <module>
    a_list
NameError: name 'a_list' is not defined
```

从上述代码运行结果可知，删除列表对象 a_list 之后，该对象就不存在了，再次访问时将抛出异常 NameError 提示访问的对象名不存在。

4.2.3 列表元素的添加、修改和删除

用户创建的列表大多数是动态的，这就意味着列表创建后，随着程序的运行，列表元素将发生

添加、修改和删除等变化。

1. 列表元素的添加

列表元素的添加可通过下面 5 种方法实现。

（1）使用"+"运算符将元素添加到列表中。这种用法在形式上比较简单也容易理解，但严格意义上来讲，这并不是为列表添加元素，而是创建一个新列表，并将原列表中的元素和新元素依次复制到新列表的内存空间。但由于涉及大量元素的复制，该操作速度较慢，在涉及大量元素添加时不建议使用这个方法。示例如下：

```
>>> a_list = [1, 2, 3]
>>> a_list = a_list + [4, 5]
>>> a_list
[1, 2, 3, 4, 5]
```

（2）使用列表对象的 append()方法，原地修改列表。这是真正意义上的在列表尾部添加元素，速度较快，也是较好的办法，但需要注意的是，通过这个方法每次只能增加一个元素且是在尾部。示例如下：

```
>>> a_list = [1, 2, 3]
>>> a_list.append(4)
>>> a_list
[1, 2, 3, 4]
```

（3）使用列表对象的 extend()方法，将另一个列表对象的所有元素添加到列表对象尾部。示例如下：

```
>>> a_list = [1,3,5]
>>> b_list = [2,4,6]
>>> a_list.extend(b_list)
>>> a_list
[1, 3, 5, 2, 4, 6]
>>> a_list.extend([7, 8])
>>> a_list
[1, 3, 5, 2, 4, 6, 7, 8]
```

（4）使用列表对象的 insert()方法，将元素添加到列表的指定位置。

列表的 insert()方法可以在列表的任意位置插入元素，insert(i, j)包含两个参数，i 表示插入原列表元素位置，j 表示插入的元素值。但由于这个方法会涉及插入位置之后所有元素的移动，会影响处理速度（类似的还有后面介绍的 remove()方法以及使用 pop()函数弹出非尾部元素和使用 del 命令删除列表非尾部元素的情况）。示例如下：

```
>>> a_list = [1, 3, 5]
>>> a_list.insert(1, 999)
>>> a_list
[1, 999, 3, 5]
```

（5）使用"*"运算符扩展列表对象，将列表与整数相乘，生成一个新列表，这一点和方法（1）其实是相同的，但现在新列表是原列表中元素的重复。示例如下：

```
>>> a_list = [1, 3, 5]
>>> a_list = a_list * 3
>>> a_list
[1, 3, 5, 1, 3, 5, 1, 3, 5]
```

2. 列表元素的修改

修改列表元素的语法与访问列表元素的语法类似。要修改列表元素，可指定列表名和要修改的元素的位置下标，再指定该列表元素的新值。示例如下：

```
>>> name = ['Tom', 'John', 'David']
>>> name[0] = "Jack"
>>> name
['Jack', 'John', 'David']
```

3. 列表元素的删除

列表元素的删除可通过下面 4 种方法实现。

（1）使用 del 命令删除列表中的指定位置上的元素。当然前面也提到过，del 命令也可以直接删除整个列表。示例如下：

```
>>> a_list = [1, 3, 5]
>>> del a_list[1]
>>> a_list
[1, 5]
```

（2）使用列表的 pop() 方法删除指定位置（默认为最后一个）上的元素，如果给定的元素的位置索引超出了列表的范围，则抛出异常。示例如下：

```
>>> a_list = [1, 3, 5, 7]
>>> a_list.pop(2)
5
>>> a_list
[1, 3, 7]
>>> a_list.pop()
7
>>> a_list
[1, 3]
```

（3）使用列表对象的 remove() 方法删除首次出现的指定元素，如果列表中不存在要删除的元素，则抛出异常。示例如下：

```
>>> a_list = [1, 3, 5, 7]
>>> a_list.remove(3)
>>> a_list
[1, 5, 7]
```

（4）使用列表对象的 clear() 方法删除所有元素。示例如下：

```
>>> a_list = [1, 3, 5, 7]
>>> a_list.clear()
>>> a_list
[]
```

4.2.4 列表的索引、切片和计数

使用索引可以直接访问列表中的元素。如果指定索引不存在，则抛出异常提示索引越界。示例如下：

```
>>>name = ['Tom', 'John', 'David']
>>>name[1]
'John'
>>>name[-4]
Traceback (most recent call last):
  File "<pyshell#2>", line 1, in <module>
    name[-4]
IndexError: list index out of range
>>>name[-1][-2]
'i'
```

切片是 Python 序列的重要操作之一，适用于列表、元组、字符串、range 对象等类型。切片使用分隔的 3 个数字来完成：第一个数字表示切片开始位置（默认为 0），第二个数字表示切片结束（但不包含）位置（默认为列表长度），第三个数字表示切片的步长（默认为 1），当步长省略时可以省略一个冒号。使用切片可以，既截取列表中的任何部分，得到一个新列表，也可以修改和删除列表中的部分元素，甚至可以通过切片操作为列表对象增加元素。如果切片操作出现索引越界，则产生在列表尾部截断或者返回一个空列表的结果。示例如下：

```
>>> a_list = [1, 2, 3, 4, 8, 9, 10, 11, 12]
>>> a_list[::]          #返回包含原列表中所有元素的新列表
[1, 2, 3, 4, 8, 9, 10, 11, 12]
>>> a_list[::-1]        #返回包含原列表中所有元素的逆序列表
[12, 11, 10, 9, 8, 4, 3, 2, 1]
>>> a_list[::2]         #隔一个取一个，获取偶数位置的元素
[1, 3, 8, 10, 12]
>>> a_list[1::2]        #隔一个取一个，获取奇数位置的元素
[2, 4, 9, 11]
>>> a_list[3::]         #指定切片的起始位置
[4, 8, 9, 10, 11, 12]
>>> a_list[3:6]         #指定切片的起始和结束位置
[4, 8, 9]
>>> a_list[10:]         #切片起始位置大于列表长度，返回空列表
[]
```

如果想知道指定元素在列表中出现的次数，可以使用列表对象的 count()方法进行统计。示例如下：

```
>>> a_list = [1, 2, 3, 2, 2, 4, 8, 9, 10, 11, 12]
>>> a_list.count(2)
3
>>> b_list = ['Tom', 'Jack', 'Tom', 'John', 'Susan']
>>> b_list.count('Tom')
2
```

该方法也可以用元组、字符串以及 range 对象等序列类型（见表 4-1）。示例如下：

```
>>> (3, 3, 3, 4).count(3)
3
>>> 'abcdefabcd'.count('abc')
2
>>> range(9).count(1)
1
```

4.2.5 列表排序

在实际应用中，经常需要对列表元素进行排序，我们可通过以下 3 种方法实现。

（1）使用列表对象的 sort()方法进行排序，该方法支持多种不同的排序方式。

（2）使用内置函数 sorted()对列表进行排序，与列表对象的 sort()方法不同，内置函数 sorted()返回新列表，并不对原列表进行任何修改。

（3）使用列表对象的 reverse()方法将原列表中所有元素进行反向排序。

但要注意的是，使用 sort()方法或 sorted()函数进行排序时，一定要保证列表中的各元素的类型相同。示例如下：

```
>>> a_list = [15, 2, 3, 28, 19, 10, 31, 12]
>>> a_list.sort()                    #默认为升序排列
```

```
>>> a_list
[2, 3, 10, 12, 15, 19, 28, 31]
>>> a_list.sort(reverse = True)        #降序排列
>>> a_list
[31, 28, 19, 15, 12, 10, 3, 2]
>>>a_list = [15, 2, 3, 28, 19, 10, 31, 12]
>>> sorted(a_list)
[2, 3, 10, 12, 15, 19, 28, 31]
>>> b_list = sorted(a_list,reverse = True)
>>> b_list
[31, 28, 19, 15, 12, 10, 3, 2]
>>> a_list
[15, 2, 3, 28, 19, 10, 31, 12]
>>> a_list.reverse()
>>> a_list
[12, 31, 10, 19, 28, 3, 2, 15]
```

4.2.6 列表其他的常用操作

很多 Python 内置函数也可以对列表进行操作。例如，max()、min()函数用于返回列表中所有元素的最大值和最小值，sum()函数用于返回列表中所有元素之和，len()函数用于返回列表中元素的个数，enumerate()函数用于返回包含若干个索引和值的迭代对象。示例如下：

```
>>> a_list = [15, 2, 3, 28, 19, 10, 31, 12]
>>> max(a_list)
31
>>> min(a_list)
2
>>> b_list = ['Tom', 'Jack', 'Alice', 'John', 'Susan']
>>> max(b_list)
'Tom'
>>> min(b_list)
'Alice'
>>> len(a_list)
8
>>> len(b_list)
5
>>> b_list = ['Tom', 'Jack', 'Alice', 'John', 'Susan']
>>> for i,j in enumerate(b_list):
        print("第{}个元素为: {}".format(i + 1, j))
第 1 个元素为: Tom
第 2 个元素为: Jack
第 3 个元素为: Alice
第 4 个元素为: John
第 5 个元素为: Susan
```

成员测试运算符"in"可用于测试列表中是否包含某个元素。示例如下：

```
>>> 1 in [2, 1, 3, 5]
True
>>> 2 in ["2", 1, 3, 5]
False
```

【例 4-1】一个班有 15 名同学，现在要将这些同学随机分成 3 个小组，请编写程序，完成随机的分配。

程序代码如下：

```
1  import random
2  class_teams = [[], [], []]
3  class_names = ['查哲民', '陈皓', '陈旭', '程文明', '邓付凡',
4                 '董苏萱', '范和颖', '范佳聪', '何文彬', '胡鹏',
5                 '胡炀广', '华仕挺', '黄祎慧', '江昉洁', '江升']
6  for name in class_names:
7      team_number = random.randint(0, 2)
8      class_teams[team_number].append(name)
9  for i in class_teams:
10     print(i)
```

运行结果：

```
['范佳聪', '胡炀广', '华仕挺', '江升']
['陈皓', '陈旭', '邓付凡', '范和颖', '何文彬', '胡鹏', '黄祎慧', '江昉洁']
['查哲民', '程文明', '董苏萱']
```

在这个编程题基础上，若要实现各小组人数均等，请读者思考如何对程序做进一步的完善。

4.2.7　列表生成式

列表生成式，又称为列表推导式，是利用其他列表或可迭代对象创建新列表的一种方法，其代码简洁，具有很强的可读性。列表生成式的语法形式为：

```
[生成列表元素的表达式 for 变量1 in 序列1 if 条件1
                   for 变量2 in 序列2 if 条件2
                   ……
                   for 变量n in 序列n if 条件n]
```

列表生成式在逻辑上等价于循环语句，只是形式上更加简洁。列表生成式中要遍历的序列可以是任何形式的迭代器，且要把生成列表元素的表达式放到最前面。执行时先依次执行后面的 for 循环。for 循环可以有多个，也可以在 for 循环后添加 if 语句过滤条件。示例如下：

```
>>>ls = [1, 2, 3, 4, 5]
>>>[x * 2 for x in ls]    #创建一个列表，结果依次返回列表 x 的元素的 2 倍
[2, 4, 6, 8, 10]
>>>[i * 3 for i in range(10)]    #使用 range()函数
[0, 3, 6, 9, 12, 15, 18, 21, 24, 27]
>>>x = [random.randint(1, 100) for i in range(10)]  #生成 10 个 1~100 的整数
>>>x
[42, 86, 67, 1, 61, 93, 44, 11, 14, 43]
>>>[i for i in x if i % 2 == 0]    #取出列表 x 中所有的偶数
[42, 86, 44, 14]
>>>y = ['The', 'Python', 'Software', 'Foundation', 'is', 'the', 'organization', 'behind', 'Python']
>>>[c.lower() for c in y if len(c) > 6]  #找出列表 y 中长度大于 6 的字符串，并将这些字符串全部转换为小写字母
['software', 'foundation', 'organization']
>>>[j.lower() for c in y if len(c) < 5 for j in c]  #依次输出长度小于 5 的字符串中的字符
['t', 'h', 'e', 'i', 's', 't', 'h', 'e']
```

4.3　元组

4.3.1　元组的定义及基本操作

元组（tuple）是序列类型中比较特殊的类型，因为它一旦创建就不能修改。在形式上，元组的

所有元素放在一对圆括号中，元素之间用逗号分隔，但如果元组中只有一个元素，则必须在元素后增加一个逗号。示例如下：

```
>>> a = (1, 2, 3)        #直接把元组赋值给一个变量
>>> type(a)              #通过 type()函数测试变量的类型
<class 'tuple'>
>>> b = (1)              #相当于 b=1
>>> type(b)
<class 'int'>
>>> c = (1,)             #只有一个元素的元组则必须在元素后增加一个逗号
>>> type(c)
<class 'tuple'>
>>> d = ()               #定义一个空元组
>>> type(d)
<class 'tuple'>
>>>d = tuple()           #定义一个空元组（另一种方法）
>>> type(d)
<class 'tuple'>
>>> a = (1, 2, 3)
>>> a[1] = 88            #元组是不可变的
Traceback (most recent call last):
  File "<pyshell#98>", line 1, in <module>
    a[1] = 88
TypeError: 'tuple' object does not support item assignment
>>> a = (1, 2, 3)        #定义一个元组
>>> a += (4,)            #虽不能修改元组元素，但允许给元组变量重新赋值
>>> a
(1, 2, 3, 4)
>>> x = tuple(range(3))     #将其他的迭代对象转换为元组
>>> print(x)
(0, 1, 2)
>>> print(type(x))
<class 'tuple'>
```

4.3.2 元组与列表的异同点

列表与元组都属于有序序列，都支持双向索引访问其中的元素，以及可使用许多相同的函数及方法（见表 4-1）。虽然两者有着一定的相似之处，在本质上和内部实现上却有着很大的不同。

元组属于不可变序列，无法直接修改元组中元素的值，也无法为元组增加或删除元素。需要注意的是：虽然不能修改元组的元素，但是给元组变量重新赋值是合法的。所以，元组没有提供 append()、extend()和 insert()等方法，无法向元组中添加元素；同样，元组也没有 remove()和 pop()等方法，也不支持对元组元素进行删除操作，不能从元组中删除元素，而只能用 del 命令删除整个元组。元组也支持切片操作，但是只能通过切片来访问元组中的元素，而不允许使用切片来修改元组中元素的值，也不支持使用切片操作来为元组增加或删除元素。从一定程度上讲，可以认为元组是一个常量列表。

Python 的内部实现对元组做了大量优化，其访问速度比列表更快。如果定义了一系列常量值，主要用途仅是对它们进行遍历或其他类似用途，而不需要对其元素进行任何修改，那么建议使用元组而不使用列表。元组在内部实现上不允许修改其元素的值，从而使得代码更加安全。例如，调用函数时使用元组传递参数可以防止在函数中修改元组，而使用列表则很难保证这一点。

元组除了用于表达固定数据项外，常用于如下情况：函数多返回值、循环遍历等。示例如下：

```
>>> def func(x):              #定义一个函数
        return x, x + 2       #函数返回两个值
>>> t = func(3)
>>> type(t)                   #测试返回值的数据类型
<class 'tuple'>
>>> print(t)                  #输出元组
(3, 5)
>>> import math
>>> for x, y in ((1, 1), (2, 2), (3, 3)):  #循环遍历
        print(math.hypot(x, y))                       #计算各点至坐标原点的距离
1.4142135623730951
2.8284271247461903
4.242640687119286
```

4.3.3　生成器推导式

生成器推导式的语法与列表生成式非常相似，在形式上使用圆括号作为定界符，而不是使用列表生成式所使用的方括号。生成器推导式的结果是一个生成器对象。使用生成器推导式可以迭代庞大的序列，且不需要在内存创建和存储整个序列，因为它的工作方式是每次处理一个对象，而不是一口气处理和构造整个数据结构。在处理大量数据时，最好考虑生成器推导式而不是列表生成式，这样内存占用非常少，具有更高的效率。示例如下：

```
>>>a = list(range(10))
>>>a
[0, 1, 2, 3, 4, 5, 6, 7, 8, 9]
>>>b = (i * i for i in a)  #构造生成器推导式
>>>b  #查看生成器
<generator object <genexpr> at 0x00000246CADDF2A0>
>>>tuple(b)  #遍历生成器并得到元组
(0, 1, 4, 9, 16, 25, 36, 49, 64, 81)
>>>list(b)  #生成器已经遍历结束，没有元素了
[]
```

4.4　集合

集合（set）类型与数学中集合的概念一致，即包含 0 个或多个数据项的无序组合，使用一对花括号作为定界符，元素之间使用逗号分隔。集合中的元素不可重复，元素类型只能是固定数据类型，例如整数、浮点数、字符串、元组等，列表、字典和集合类型本身都是可变数据类型，不能作为集合的元素出现。集合中的元素是无序的，集合的实际输出顺序与定义时的顺序可以不一致。

微课堂

集合

4.4.1　集合对象的创建与删除

直接将集合赋值给变量即可创建一个集合对象。示例如下：

```
>>> a_set = {1, 2, 3}        #创建集合对象
>>> type(a_set)              #查看对象类型
<class 'set'>
```

也可以使用 set() 函数将列表、元组、字符串、range 对象等其他可迭代对象转换为集合。如果原来的数据中存在重复元素，则在转换为集合的时候只保留一个。示例如下：

```
>>> a_set = set(range(1, 9, 2))          #把 range 对象转换为集合
>>> a_set
{1, 3, 5, 7}
>>> b_set = {1, 2, 3, 1, 2, 0}           #集合会自动去除重复元素
>>> b_set
{0, 1, 2, 3}
>>> c_set = {}                           #不能用这种方法设置空集合
>>> type(c_set)
<class 'dict'>                           #显示 c_set 为字典类型
>>> c_set = set()                        #空集合的设置方法
>>> c_set
set()                                    #空集合
>>> type(c_set)
<class 'set'>
>>> a_set = {1, 3, 5, 7}
>>> del a_set                            #用 del 命令删除集合变量
>>> a_set
Traceback (most recent call last):
  File "<pyshell#22>", line 1, in <module>
    a_set
NameError: name 'a_set' is not defined
```

4.4.2 集合操作与运算

1. 增加与删除集合元素

集合对象的 add()方法用于增加新元素，如果该元素已存在则忽略该操作，不会抛出异常；update()方法用于合并另外一个集合中的元素到当前集合中，并自动去除重复元素。示例如下：

```
>>> s = {1, 2, 3}
>>> s.add(4)                             #增加元素，如有重复元素自动忽略
>>> s
{1, 2, 3, 4}
>>> s.update({5, 6})                     #合并另外一个集合中的元素到当前集合
>>> s
{1, 2, 3, 4, 5, 6}
```

集合对象的 pop()方法用于随机删除并返回集合中的一个元素，如果集合为空则抛出异常；remove()方法用于删除集合中的元素，如果指定元素不存在则抛出异常；clear()方法用于清空集合。示例如下：

```
>>> a_set = {1, 3, 5, 7}
>>> a_set.pop()                          #随机删除并返回集合中的一个元素
1
>>> a_set
{3, 5, 7}
>>> a_set ={ 1, 3, 5, 7}
>>> a_set.remove(3)                      #删除集合中的元素"3"
>>> a_set
{1, 5, 7}
>>> a_set.clear()                        #清空集合
>>> a_set
set()
```

2. 集合运算

内置函数 len()、max()、sum()等也适用于集合以及通过成员测试运算符"in"和"not in"判断集合是否包含某元素。另外，Python 集合还支持数学意义的交集、并集、差集、补集等运算。示例如下：

```
>>> a_set = {8, 9, 10, 11, 12, 13}
>>> len(a_set)                 #测试集合元素的个数
6
>>> max(a_set)                 #集合元素的最大值
13
>>> min(a_set)                 #集合元素的最小值
8
>>> sum(a_set)                 #集合中所有元素之和
63
>>> max({'Harry', 'Tom', 'Hugo'})
'Tom'
>>> min({'Harry', 'Tom', 'Hugo'})
'Harry'
>>> "Tom" in {'Harry', 'Tom', 'Hugo'}     #元素是否在集合之中
True
```

集合之间的运算相对简单，表 4-2 归纳了两个集合之间的常用运算。

表 4-2   两个集合之间的常用运算

操作符	描述
S – T 或 S.difference(T)	返回一个新集合，包括在集合 S 中但不在集合 T 中的元素
S –= T 或 S.difference_update(T)	更新集合 S，包括在集合 S 中但不在集合 T 中的元素
S & T 或 S.intersection(T)	返回一个新集合，包括同时在集合 S 和 T 中的元素
S &= T 或 S.intersection_update(T)	更新集合 S，包括同时在集合 S 和 T 中的元素
S ^ T 或 S.symmetric_difference(T)	返回一个新集合，包括集合 S 和 T 中的元素，但不包括同时在其中的元素
S =^ T 或 s.symmetric_difference_update(T)	更新集合 S，包括集合 S 和 T 中的元素，但不包括同时在其中的元素
S | T 或 S.union(T)	返回一个新集合，包括集合 S 和 T 中的所有元素
S |= T 或 S.update(T)	更新集合 S，包括集合 S 和 T 中的所有元素

示例如下：

```
>>> a_set = {8, 9, 10, 11, 12, 13}
>>> b_set = {0, 1, 2, 3, 7, 8}
>>> a_set | b_set                      #并集
{0, 1, 2, 3, 7, 8, 9, 10, 11, 12, 13}
>>> a_set.union(b_set)                 #并集
{0, 1, 2, 3, 7, 8, 9, 10, 11, 12, 13}
>>> a_set & b_set                      #交集
{8}
>>> a_set.intersection(b_set)          #交集
{8}
>>> a_set.difference(b_set)            #差集
{9, 10, 11, 12, 13}
```

```
>>> a_set - b_set                          #差集
{9, 10, 11, 12, 13}
>>> a_set.symmetric_difference(b_set)      #对称差集
{0, 1, 2, 3, 7, 9, 10, 11, 12, 13}
>>> a_set ^ b_set                          #对称差集
{0, 1, 2, 3, 7, 9, 10, 11, 12, 13}
```

4.4.3 集合生成式

集合生成式与列表生成式差不多，主要区别在于，集合生成式采用花括号且结果中无重复元素，而列表生成式使用方括号，结果中允许存在重复值。示例如下：

```
>>>y=['The', 'Python', 'Software', 'Foundation', 'is', 'the', 'organization',
'behind', 'Python']
>>>y
['The', 'Python', 'Software', 'Foundation', 'is', 'the', 'organization', 'behind',
'Python']
>>>{j.lower() for c in y if len(c) > 6 for j in c}  #重复的字符只显示一次
{'w', 'e', 'g', 'o', 'u', 'r', 'n', 's', 'd', 't', 'a', 'f', 'i', 'z'}
```

4.5 字典

字典（dict）是包含若干"键:值"元素的无序可变对象，即字典的每个元素都包含用冒号分隔开的"键"和"值"两个部分，表示为映射或对应关系，元素之间是无序的，不同元素之间用逗号隔开，所有的元素放在一对花括号"{}"之间。从 Python 设计角度考虑，由于花括号"{}"也可以表示集合，因此字典类型也具有和集合类似的性质，即键值对之间没有顺序且键不能重复。简单来说，可以把字典看成元素是键值对的集合。

4.5.1 字典的创建与删除

使用赋值运算符"="将使用"{}"括起来的"键:值"对赋值给一个变量即可创建一个字典变量。下面是一个简单的字典，它存储省份和省会城市的键值对。

```
>>> city = {"江西":"南昌", "江苏":"南京", "湖北":"武汉"}
>>> print(city)                    #输出字典变量
{'江西': '南昌', '江苏': '南京', '湖北': '武汉'}
```

字典中元素的键可以是 Python 中任意不可变数据，如整数、浮点数、复数、字符串、元组等类型的可哈希数据，但不能使用列表、集合、字典或其他可变类型作为字典的键。字典中不允许出现相同的键，但不同的键允许对应相同的值。如果定义字典时，存在键相同的多个键值对，则这多个键值对中只有一个键值对被保留。

可以使用字典的析构方法 dict()，利用二元组序列创建字典：

```
>>>items = [('a', 1), ('b', 2), ('c', 3)]
>>>a_dict = dict(items)
>>>a_dict
{'a': 1, 'b': 2, 'c': 3}
```

也可以通过关键参数创建字典：

```
>>>b_dict = dict(a = 1, b = 2, c = 3)
>>>b_dict
{'a': 1, 'b': 2, 'c': 3}
```

还可以使用 zip()函数创建字典。zip()函数将多个可迭代对象中对应的元素打包成一个个元组，然后返回一个可迭代对象。若 zip()函数中各参数元素个数不一致，则返回对象的长度与最短的对象相同。示例如下：

```
>>>key = 'abc'
>>>value = range(1, 4)
>>>c_dict = dict(zip(key, value))
>>>c_dict
{'a': 1, 'b': 2, 'c': 3}
```

若需要空字典，可以使用下面的语句来定义：

```
>>> a_dict = dict()
>>> a_dict
{}
```

与其他类型的对象一样，当不再需要时，可以直接删除字典：

```
>>> del a_dict                #字典变量的删除
```

4.5.2 字典元素的访问与修改

字典最主要的用法是查找与特定键相对应的值，通过索引实现。编程语言的索引主要包括两类：一类为数字索引，又称为位置索引；另一类为字符索引。数字索引采用数字序号找到内容；字符索引采用字符作为索引词找到数据。Python 中，字符串、列表、元组等都采用数字索引，字典采用字符索引。

一般来说，通过"字典变量[key]"的方式访问键对应的值。示例如下：

```
>>> city = {"江西":"南昌", "江苏":"南京", "湖北":"武汉"}
>>> city["江西"]
'南昌'
```

也可通过 keys()、values()和 items()方法以列表的形式返回字典的键、值或字典各元素的相关信息：

```
>>> city.keys()
dict_keys(['江西', '江苏', '湖北'])
>>> city.values()
dict_values(['南昌', '南京', '武汉'])
>>> city.items()
dict_items([('江西', '南昌'), ('江苏', '南京'), ('湖北', '武汉')])
>>> list(city.items())
[('江西', '南昌'), ('江苏', '南京'), ('湖北', '武汉')]
```

与其他组合类型一样，字典可以通过 for 语句对其元素或各元素的键、值进行遍历，基本语法结构如下：

```
for 变量名  in  字典名:
    语句块
```

对字典对象直接进行迭代或者遍历时，默认遍历字典的"键"，如果需要遍历字典的元素，必须使用字典对象的 items()方法明确说明；如果需要遍历字典的"值"，则必须使用字典对象的 values()方法明确说明。示例如下：

```
>>>for i in city.keys():
        print(i)
江西
江苏
湖北
>>>for i in city.values():
        print(i)
```

```
南昌
南京
武汉
>>>for i in city.items():
        print(i)
('江西', '南昌')
('江苏', '南京')
('湖北', '武汉')
```

对字典中某个键值的修改或增加新元素,都可以通过访问和赋值实现:

```
>>> city["江西"] = "南昌市"        #修改字典元素
>>> city
{'江西': '南昌市', '江苏': '南京', '湖北': '武汉'}
>>> city["福建"] = "福州"          #增加字典新元素
>>> city
{'江西': '南昌市', '江苏': '南京', '湖北': '武汉', '福建': '福州'}
```

由上可知,当以指定键作为索引为字典元素赋值时,有两种含义:若该键存在,则表示修改该键对应的值;若该键不存在,则表示为字典新增一个元素,即一个"键:值"对。

4.5.3 字典类型的常用操作

字典类型常用的函数和方法如表 4-3 所示,其中 d 是一个字典对象。

表 4-3 字典类型常用的函数和方法

函数或方法	描述
d.get(<key>, <default>)	键存在则返回相应值,否则返回默认值
d.pop(<key>, <default>)	键存在则返回相应值,同时删除键值对,否则返回默认值
d.popitem()	随机从字典中取出一个键值对,以元组(key,value)形式返回
d.clear()	删除所有的键值对
del d[<key>]	删除字典或字典中某一个键值对
<key> in d	如果键在字典中则返回 True,否则返回 False
sorted(d)	将字典的键排序后以列表形式返回,字典自身不变

示例如下:

```
>>> city = {"江西":"南昌", "江苏":"南京", "湖北":"武汉"}
>>>sorted(city, reverse = True)    #将字典的键按 Unicode 值降序排列后输出
['湖北', '江西', '江苏']
>>> city.get("福建", "福州")        #"福建"在字典中不存在
'福州'
>>> city.get("江苏", "福州")        #"江苏"在字典中存在
'南京'
>>> city = {"江西":"南昌", "江苏":"南京", "湖北":"武汉"}
>>> city.pop('江西', "九江")        #"江西"在字典中存在
'南昌'
>>> city                          #"江西"这个字典元素删除了
{'江苏': '南京', '湖北': '武汉'}
>>> del city['江苏']               #删除"江苏"这个字典元素
>>> city
{'湖北': '武汉'}
```

```
>>> '武汉' in city                    #判断'武汉'这个键是否在字典中存在
False
>>> '湖北' in city                    #判断'湖北'这个键是否在字典中存在
True
>>> city.clear()                      #删除所有的键值对
>>> city
{}
>>>del city                           #删除字典，内存中已经释放 city 字典占用的资源
>>>city                               #city 字典已经不存在
Traceback (most recent call last):
  File "<pyshell#48>", line 1, in <module>
    city
NameError: name 'city' is not defined
```

4.5.4 | 字典生成式

字典生成式和列表生成式的使用方法类似，只是把方括号改成了花括号：

```
>>>dt = {'Aa':1, 'Bb':3, 'Cc':5}
>>>{k.lower():v * 2 for k, v in dt.items()}  #将键转换为小写，值变成 2 倍
{'aa': 2, 'bb': 6, 'cc': 10}
```

4.6 不可变数据类型与可变数据类型

4.6.1 | 不可变数据类型

不可变数据类型在第一次声明赋值的时候，会在内存中开辟一块空间，用来存放这个变量的赋值，而这个变量实际上存储的并不是被赋予的这个值，而是存放这个值所在空间的内存地址，通过这个内存地址，变量就可以从内存中取出数据了。所谓不可变，即我们不能改变这个数据在内存中的值，所以当我们改变这个变量的赋值时，只是在内存中重新开辟了一块空间，将一条新的数据存放在一个新的内存地址里，而这个变量就不再引用原数据的内存地址，而转为引用新数据的内存地址。

示例如下：

```
>>> x = 18
>>> id(x)
4497811200
>>> id(18)
4497811200
>>> x = 19
>>> id(x)
4497811232
>>> id(18)
4497811200
>>> y = 18
>>> id(y)
4497811200
```

在上述代码中，一开始 x = 18，开辟一块地址为 4497811200 的内存，即 18 对应的地址为 4497811200；后来 x = 19，重新开辟一块地址为 4497811232 的内存来存放 19。可以看到，18 和 19 在内存中的地址不会改变，将 18 赋值给 y 时，y 指向的地址为 4497811200。该示例的示意图如图 4-2 所示。

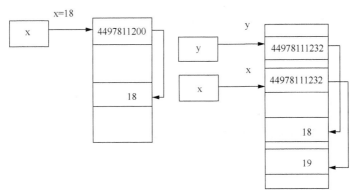

图 4-2　不可变数据变量的创建和引用

4.6.2 | 可变数据类型

结合不可变数据类型，可变数据类型就很好理解了，可变数据类型是指变量所指向的内存地址处的值是可以被改变的。示例如下：

```
>>> x = [1, 2, 3]
>>> id(x)
4501838920
>>> y = [1, 2, 3]
>>> z = [1, 2, 3]
>>> id(y)
4501838600
>>> id(z)
4501838664
```

从另外一个角度来看，有如下结论。

◆　不可变数据类型：当该数据类型的对应变量的值发生了改变，那么它对应的内存地址也会发生改变，对于这种数据类型，就称为不可变数据类型。

◆　可变数据类型：当该数据类型的对应变量的值发生了改变，那么它对应的内存地址不发生改变，对于这种数据类型，就称为可变数据类型。

a 的值改变，a 对应的内存地址也会改变。示例如下：

```
>>> a = 1
>>> id(a)
4497810656
>>> a = 2
>>> id(2)
4497810688
```

直接对 a 操作，相当于复制了一份 a 的值，在其他内存地址操作，a 的值不变。示例如下：

```
>>> a + 1
3
>>> id(a)
4497810688
>>> a
2
```

第一次给 b 赋值的时候，给 b 划分一块内存空间，该空间不会改变。示例如下：

```
>>> b = [1, 2, 3]
>>> id(b)
```

```
4501839496
```

直接对 b 操作，b 的值改变，b 指向的内存空间不变。示例如下：

```
>>> b.append(4)
>>> id(b)
4501839496
>>> b
[1, 2, 3, 4]
```

4.6.3 | 不可变数据类型和可变数据类型的分类

（1）不可变数据类型：Number（数字）、String（字符串）、Tuple（元组）。下面通过程序查看数字和字符串类型：

```
>>> a = 1    #整数
>>> print(id(a), type(b))
1491617424 <class 'int'>
>>> a = 2
>>> print(id(a), type(b))
1491617440 <class 'int'>
>>> b = "jxufe"    #字符串
>>> print(id(b), type(b))
46252832 <class 'str'>
>>> b = "xjg.jxufe"
>>> print(id(b), type(b))
31752664 <class 'str'>
```

可以看到，当整数变量和字符串变量的值发生变化时，其对应内存地址也发生了改变，因而它们都是不可变数据类型。再来看如下代码：

```
>>>c1 = ['1', '2']
>>>c = (1, 2, c1)
>>>print(c, id(c), type(c))
(1, 2, ['1', '2']) 4363948248 <class 'tuple'>
>>>c1[1] = 'djx'
>>>print(c, id(c), type(c))
(1, 2, ['1', 'djx']) 4363948248 <class 'tuple'>
```

 注意

此时元组的值发生了变化而内存地址没变，但我们依然称元组为不可变数据类型。这是因为改变的是元组中的列表，列表是可变数据类型，当值改变之后地址依然不变。但是元组的定义就是不可变的，元组被称为只读列表，即数据可以被查询，但不能被修改。

（2）可变数据类型：Set（集合）、List（列表）、Dictionary（字典）。下面通过程序，分别查看集合、列表和字典元素发生变化后的内存地址情况。示例代码如下：

```
>>>s = {1, 'd', '34', '1', 1}    #集合
>>>print(s, type(s), id(s))
{1, '1', 'd', '34'} <class 'set'> 4401385256
>>>s.add('djx')
>>>print(s, type(s), id(s))
{1, '1', '34', 'd', 'djx'} <class 'set'> 4401385256
```

```
>>>list = [1,'q','qwer',True]    #列表
>>>print(list, type(list), id(list))
[1, 'q', 'qwer', True] <class 'list'> 4401113608
>>>list.append('djx')
>>>print(list, type(list), id(list))
[1, 'q', 'qwer', True, 'djx'] <class 'list'> 4401113608
>>>tuple = 1
>>>d = { tuple:1, 'key2':'djx', 'key3':'li'}
>>>print(d, type(d), id(d))
{1: 1, 'key2': 'djx', 'key3': 'li'} <class 'dict'> 4401075976
>>>d['key4'] = 'haha'
>>>print(d, type(d), id(d))
{1: 1, 'key2': 'djx', 'key3': 'li', 'key4': 'haha'} <class 'dict'> 4401075976
```

4.7 浅拷贝与深拷贝

4.7.1 浅拷贝

浅拷贝是在赋值时开辟新的存储空间来保存新对象。a 和 b 是一个独立的对象,但它们的子对象还是指向同一对象(即引用)。浅拷贝后,改变原始对象中可变数据类型元素的值,会同时影响复制对象;改变原始对象中不可变数据类型元素的值,不会影响复制对象。示例如下:

```
#定义一个列表,第一个元素是可变数据类型
>>> a = [[1,2],'fei',90]
>>> b = a.copy() #浅拷贝
>>> a is b  #判断对象地址是否相同
False
>>> a[0] is b[0]       #判断第一个元素地址是否相同
True
>>> a[1] is b[1]       #判断第二个元素地址是否相同
True
>>> a[0][0] = 2        #改变第一个可变数据类型的值,查看复制对象变化
>>> a
[[2, 2], 'fei', 90]
>>> b                  #复制对象也跟着改变了
[[2, 2], 'fei', 90]
>>> a[1] = 'anne'      #改变第二个不可变数据类型的值,查看复制对象变化
>>> a
[[2, 2], 'anne', 90]
>>> b                  #复制对象没有改变
[[2, 2], 'fei', 90]
```

4.7.2 深拷贝

深拷贝,除了顶层拷贝,还会对子元素进行复制。经过深拷贝后,原始对象和复制对象所有的可变元素地址都没有相同的了。a 和 b 完全复制了父对象及其子对象,两者是完全独立的。我们可以使用标准库 copy 中的 deepcopy()函数实现深拷贝。示例如下:

```
#深拷贝
>>> import copy
>>> a = [[1,2],'fei',90]
>>> c = copy.deepcopy(a)
```

```
>>> a is c            #判断对象地址是否相同
False
>>> a[0] is c[0]      #判断第一个元素地址是否相同
False
>>> a[1] is c[1]      #判断第二个元素地址是否相同
True
>>> a[0][0] = 2       #改变第一个元素，查看复制元素变化
>>> a
[[2, 2], 'fei', 90]
>>> c                 #复制元素不变，对复制元素没影响
[[1, 2], 'fei', 90]
>>> a[1] = 'Anne'     #改变第二个元素，查看复制元素变化
 >>> a
[[2, 2], 'Anne', 90]
>>> c                 #复制元素不变，对复制元素没影响
[[1, 2], 'fei', 90]
```

4.8 jieba 库的使用

4.8.1 jieba 库概述

jieba 是 Python 中一个重要的第三方中文分词函数库。对于一段英文文本，例如"China is a great country"，如果希望提取其中的单词，使用字符串处理的 split()方法即可，例如：

```
>>> "China is a great country".split()
['China', 'is', 'a', 'great', 'country']
```

然而，对于一段中文文本，如"中国是一个伟大的国家"，获得其中的词语（不是字符）十分困难，因为英文文本可以通过空格或者标点符号分隔，而中文词语之间缺少分隔符，这是中文及类似语言独有的"分词"问题。上例中，分词能够将"中国是一个伟大的国家"分为"中国""是""一个""伟大""的""国家"等一系列词语。

```
>>> import jieba
>>> jieba.lcut("中国是一个伟大的国家")
['中国', '是', '一个', '伟大', '的', '国家']
```

jieba 库是第三方库，不是 Python 安装包自带的，因此需要通过 pip 指令安装，具体安装方法请参考 1.5.2 节相关内容。

jieba 库的分词原理是利用一个中文词库，将待分词的内容与分词词库进行比对，通过图结构和动态规划方法找到最大概率的词组。除了分词，jieba 还提供自定义中文词语的功能。

4.8.2 jieba 库解析

jieba 库主要提供分词功能，可以辅助自定义分词词典。jieba 库中常用的 7 个分词函数如表 4-4 所示。

表 4-4   jieba 库常用的分词函数（共 7 个）

函数	描述
jieba.cut(s)	精确模式，返回一个可迭代的数据类型
jieba.cut(s, cut_all=True)	全模式，输出文本 s 中所有可能的词语
jieba.cut_for_search(s)	搜索引擎模式，适合搜索引擎建立索引的分词结果

函数	描述
jieba.lcut(s)	精确模式，返回一个列表类型，建议使用
jieba.lcut(s,cut_all=True)	全模式，返回一个列表类型，建议使用
jieba.lcut_for_search(s)	搜索引擎模式，返回一个列表类型，建议使用
jieba.add_word(w)	向分词词典中增加新词

针对上述分词函数，举例如下：

```
>>> import jieba
>>> a = "序列类型是程序设计中经常用到的数据存储方式"
>>> jieba.lcut(a)
['序列', '类型', '是', '程序设计', '中', '经常', '用到', '的', '数据', '存储', '方式']
>>> jieba.lcut(a, cut_all=True)
['序列', '类型', '是', '程序', '程序设计', '设计', '中经', '经常', '常用', '用到', '的',
'数据', '存储', '方式']
>>> jieba.lcut_for_search(a)
['序列', '类型', '是', '程序', '设计', '程序设计', '中', '经常', '用到', '的', '数据',
'存储', '方式']
```

jieba 库支持 3 种分词模式：jieba.lcut()函数返回精确模式，输出的分词能够完整且无冗余地组成原始文本；jieba.lcut(s,True)函数返回全模式，输出原始文本中可能产生的所有问题，冗余性最大；jieba.lcut_for_search()函数返回搜索引擎模式，该模式首先执行精确模式，然后对其中的长词进一步切分获得结果。由于列表类型通用且灵活，建议读者使用上述 3 个能够返回列表类型的分词函数。

默认情况下，表 4-4 中的 jieba.cut()等 6 个分词函数能够较高概率地识别中文文本中的词语。但是由于时代进步及新生事物诞生，因此产生了一些新的网络词或科技新名词，对于这些新词的分词，可以通过 jieba.add_word()函数添加到分词库中，例如：

```
>>> import jieba
>>> jieba.lcut("小明参加云计算项目研究")
['小明', '参加', '云', '计算', '项目', '研究']
>>> jieba.add_word("云计算")
>>> jieba.lcut("小明参加云计算项目研究")
['小明', '参加', '云计算', '项目', '研究']
```

4.9 应用实例

在很多情况下，我们会遇到这样的问题：对于一篇给定文章，希望统计其中多次出现的词语，进而分析文章的概要，甚至可能通过词频特性来判断一个文体是否出自同一位作者笔下。我们在对网络信息进行自动检索和归档时，也会遇到类似的问题。这就是"词频统计"问题。

从思路上看，词频统计只是累加问题，即对文档中每个词设计一个计数器，词语每出现一次，相关计数器加 1。如果以词语为键，计数器为值，构成"<单词>:<出现次数>"的键值对，将很好地解决该问题。这就是字典类型的优势。

下面，采用字典来解决词频统计问题。英文文本以空格或标点符号来分隔词语，获得单词并统计数量相对容易，4.9.1 节将介绍统计英文文本词频的方法。中文字符之间没有天然的分隔符，需要对中文文本进行分词，4.9.2 节将介绍统计中文文本词频方法。

4.9.1 英文词频统计

《飘》是由美国作家玛格丽特·米切尔（Margaret Mitchell）创作的长篇小说，该作于 1937 年获得普利策小说奖。

本文以小说《飘》为例，介绍英文词频统计的处理过程，小说文件保存在 gone_with_the_wind(english).txt 中。

微课堂

文本词频统计

统计《飘》文本中英文词频的第一步是分解并提取英文文章的单词。同一个单词会存在大小写不同的情况，但计数不能区分大小写。假设《飘》文本由变量 txt 表示，可以通过 txt.lower() 函数将字母变成小写，排除原文大小写差异对词频统计产生的干扰。英文单词的分隔可以是空格、标点符号或者特殊符号等。为统一分隔方式，可以将各种特殊字符和标点符号使用 txt.replace() 方法替换成空格，再提取单词。

统计词频的第二步是对每个单词进行计数。假设将单词保存在变量 word 中，使用一个字典类型 counts = {}，统计单词出现的次数可采用如下代码：

```
counts[word] = counts[word] + 1
```

当遇到一个新词时，其没有出现在字典结构中，则需要在字典中新建键值对，代码如下：

```
counts[new_word] = 1
```

因此，无论单词是否在字典中，加入字典 counts 中的处理逻辑可以统一如下表示：

```
if word in counts:
    counts[word] = counts[word] + 1
else:
    counts [word] = 1
```

或者，这个处理逻辑可以如下更简洁地表示：

```
counts[word] = counts.get(word, 0) + 1
```

字典类型的 counts.get(word, 0) 方法表示：如果 word 在 counts 中，则返回 word 对应的值；如果 word 不在 counts 中，则返回 0。

该实例的第三步是对单词的统计值从高到低进行排序，输出前 20 个高频单词，并格式化输出。由于字典类型是无序的，需要将其转换为有序的列表类型，再配合使用 sort() 方法和 lambda() 函数实现根据单词出现的次数对元素进行排序，最后输出排序结果前 10 位的单词：

```
items=1ist(counts.items())          #将字典转换为记录列表
items.sort(key = lambda x:x[1], reverse = True)   #以记录第 2 列排序
```

程序代码如下：

```
1   # gone_with_the_wind.py
2   windTxt = open("gone_with_the_wind(english).txt", "r").read()
3   windTxt = windTxt.lower()
4   for ch in '!"#$%&()*+,-./:;<=>?@[\\]^_`{|}~':
5       windTxt = windTxt.replace(ch, " ")        #将文本中特殊字符替换为空格
6   words = windTxt.split()
7   counts = {}
8   for word in words:
9       counts[word] = counts.get(word, 0) + 1
10  items = list(counts.items())
11  items.sort(key = lambda x:x[1], reverse = True)
12  for i in range(10):
```

```
13        word, count = items[i]
14        print("{0:<10}{1>5}".format(word, count))
```

运行结果：

```
the        19145
and        15676
to          9960
of          8593
her         8287
she         8117
a           7624
in          5988
was         5952
you         4636
```

从输出结果可以看到，高频单词大多数是冠词、代词、连接词等语法型词汇，并不能代表文章的含义。进一步地，可以采用集合类型构建一个排除词汇库 excludes，在输出结果中排除这个词汇库中的内容，具备这样的功能的程序（完整）代码如下：

```
1   # gone_with_the_wind.py
2   excludes = {"and", "of", "he", "a", "she", "the", "in", "her", "was", "you", "i"}
    #要排除的单词
3   windTxt = open("gone_with_the_wind(english).txt", "r").read()
4   windTxt = windTxt.lower()
5   for ch in '!"#$%&()*+,-./:;<=>?@[\\]^_`{|}~':
6       windTxt = windTxt.replace(ch, " ")    #将文本中特殊字符替换为空格
7   words = windTxt.split()
8   counts = {}
9   for word in words:
10      counts[word] = counts.get(word, 0) + 1
11  for word in excludes: #逐个删除要排除的单词
12      del(counts[word])
13  items = list(counts.items())
14  items.sort(key = lambda x:x[1], reverse = True)
15  for i in range(10):
16      word, count = items[i]
17      print("{0:<10}{1>5}".format(word, count))
```

运行结果：

```
to          9960
had         4488
that        4355
it          3974
with        3311
for         3294
his         3136
but         2967
as          2910
scarlett    2445
```

在输出结果中，仍然发现了很多语法型词汇，如果希望排除更多的词汇，可以继续增加词汇库 excludes 中的内容，请感兴趣的读者逐步完善这个程序。

4.9.2 中文词频统计

《阿 Q 正传》是鲁迅先生于 1921—1922 年撰写的中篇小说，最初发表于北京《晨报副刊》，后收入小说集《呐喊》。《阿 Q 正传》向人们展现了辛亥革命前后一个"畸形"的中国社会和一群"畸形"的中国人的真实面貌，有着特定的政治、经济和文化背景。

每次阅读这篇文学作品时，我们总想知道出现最多的词汇是哪些？下面就用 Python 来回答这个问题。

中文文章需要分词才能进行词频统计，这需要用到 jieba 库。分词后的词频统计方法与对《飘》小说的英文词频统计方法类似，《阿 Q 正传》小说保存在 aqzz.txt 文件中。

程序代码如下：

```
1   #aqzz.py
2   import jieba
3   txt = open("aqzz.txt", "r",encoding='ansi').read()
4   words = jieba.lcut(txt)
5   counts = {}
6   for word in words:
7       if len(word) == 1:
8           continue
9       else:
10          counts[word] = counts.get(word, 0) + 1
11  items = list(counts.items())
12  items.sort(key = lambda x:x[1], reverse = True)
13  for i in range(15):
14      word, count = items[i]
15      print("{0:<10}{1:>5}".format(word, count))
```

运行结果：

```
阿Q        275
没有         92
一个         55
知道         52
自己         46
因为         44
什么         40
太爷         40
有些         39
未庄         39
然而         37
而且         35
似乎         33
所以         31
于是         30
```

同理，我们也可以进一步采用集合类型构建一个排除词汇库 excludes，在输出结果中排除这个词汇库中的内容。

本章习题

一、选择题

1. 以下选项中，不是具体的 Python 序列类型的是（　　　）。

    A. 字符串类型   B. 元组类型   C. 数组类型   D. 列表类型

2. 对于序列 s，能够返回序列 s 中第 i 到 j 以 k 为步长的元素子序列的表达式是（　　　）。

　　A. s[i,j,k]　　　　　B. s[i;j;k]　　　　　C. s[i:j:k]　　　　　D. s(i,j,k)

3. S 和 T 是两个集合，对 S&T 的描述正确的是（　　　）。

　　A. S 和 T 的并运算，包括在集合 S 和 T 中的所有元素

　　B. S 和 T 的差运算，包括在集合 S 但不在 T 中的元素

　　C. S 和 T 的交运算，包括同时在集合 S 和 T 中的元素

　　D. S 和 T 的补运算，包括集合 S 和 T 中的不相同元素

4. 以下选项中不能生成一个空字典的是（　　　）。

　　A. {}　　　　　　　B. dict()　　　　　　C. dict([])　　　　　D. {[]}

5. 以下关于字典的描述，错误的是（　　　）。

　　A. 字典中的键可以对应多个值信息　　　B. 字典中元素以键信息为索引访问

　　C. 字典长度是可变的　　　　　　　　　D. 字典是键值对的集合

6. 以下关于列表的描述，错误的是（　　　）。

　　A. 列表是包含 0 个或多个元素组成的有序序列

　　B. 列表是一种映射类型

　　C. 列表类型用方括号[]表示

　　D. 可以通过 list(x)函数将集合或字符串转换成列表类型

7. 以下关于 Python 的元组类型的描述，错误的是（　　　）。

　　A. 元组一旦创建就不能修改

　　B. Python 中元组采用逗号和圆括号（可选）来表示

　　C. 元组中元素不可以是不同类型

　　D. 一个元组可以作为另一个元组的元素，可以采用多级索引获取信息

8. 下面代码的输出结果是（　　　）。

```
a_list = list(range(5))
print(a_list)
```

　　A. [0, 1, 2, 3, 4]　　B. 0 1 2 3 4　　　　C. 0, 1, 2, 3, 4,　　D. 0; 1; 2; 3; 4;

9. 下面代码的输出结果是（　　　）。

```
a_list = [1, 2, 3]
b_list = [4, 5, 6]
print(a_list + b_list)
```

　　A. [5, 7, 9]　　　　B. [1, 2, 3]　　　　C. [1, 2, 3, 4, 5, 6]　D. [4, 5, 6]

10. 以下关于列表和字符串的描述，错误的是（　　　）。

　　A. 字符串是单一字符的无序组合

　　B. 列表使用正向递增序号和反向递减序号的索引体系

　　C. 列表是一个可以修改数据项的序列类型

　　D. 字符和列表均支持成员关系操作符（in）和长度计算函数（len()）

二、填空题

1. 在 Python 中，将一组数据放在一对_____中即定义了一个列表。列表中的每个数据称为元素，元素和元素之间用_____隔开。

2. 在 Python 中，列表的元素都是_____（有序/无序）存放的。每个元素都对应一个位置编号，这个位置编号称为元素的_____，其值从_____开始，向右依次_____。

3. 成员运算符"in"和"not in"可用于判断指定的元素是否存在于列表中，其运算结果为 True

或者 Flase。假设已有列表 a = [1, 2, 3, 4, 5]，则表达式 2 in a 的结果为____，表达式 7 not in a 的结果为_____。

4. 列表的_____方法可用于对列表元素进行排序，参数_____的值决定了排序方式，其值为 True 表示_____，为 Flase 表示_____；参数省略时默认值为_____。

5. 除列表本身的 sort()方法以外，Python 还提供了内置函数_____对指定的列表进行排序并返回一个新的列表，其 reverse 参数与 sort()方法的用法相同。与 sort()方法不同的是，该函数_____（改变/不改变）列表本身。假设已有列表 a = [4, 2, 1, 3, 5]，执行语句 b = sorted(a)后，列表 a 的值为_____，b 的值为_____。

6. 元组（tuple）也是 Python 提供的一种数据类型，用于存放一组不可修改的数据。定义元组最直接的方法是将多个元素用_____隔开并放在一对_____中。元组和列表的唯一区别是元组的元素_____（可以/不可以）改变，列表的元素_____（可以/不可以）改变。因此，凡是可用于列表且不会改变列表元素的方法和函数也同样适用于元组。

7. 字典中的元素放在一对_____中，元素之间以_____隔开。字典中的每个元素都是一个_____对，_____和_____之间用冒号隔开。

8. 列表和元组属于序列类型，而字典属于_____类型。列表和元组的索引是指其每个元素对应的位置编号，而字典的索引则是指字典中的_____。字典中的元素是_____（有序/无序）的。

9. 字典的键具有_____性。同一个字典中_____（允许/不允许）出现相同的键，不同的键_____（允许/不允许）出现相同的值。

10. 创建空字典的方法有两种：字典名=_____和字典名=_____。

11. 集合既不是序列类型，也不是映射类型。集合中的元素放在一对_____中，元素的值_____（能/不能）重复，元素是_____（有序/无序）的。

三、上机操作题

1. 随机密码生成。编写程序，在 26 个字母（包含大、小写形式）和 10 个数字（0~9）组成的列表中随机生成 10 个 8 位密码。

2. 编写函数实现如下功能，对传递的一组数据进行操作，调整数据的位置，使得所有的奇数位于前半部分，所有的偶数位于后半部分，并保证奇数和奇数，偶数和偶数之间的相对位置不变。例如：原始数据为[9, 6, 7, 3, 1, 8, 4, 3, 6]，则调整后的数据为[9, 7, 3, 1, 3, 6, 8, 4, 6]。

3. 已知有两个列表 a_list = [4, 10, 12, 4, 9, 6, 3]，b_list = [12, 8, 5, 6, 7, 6, 10]，编写程序实现以下功能。

① 将两个列表进行合并，合并时删除重复元素，合并结果存放在 c_list 中。
② 对 c_list 按照元素的大小，从大到小进行排序，并输出排序结果。

4. 已知列表 a_list = [4, 6, 8, 6, 4, 2, 6, 6, 5, 7, 4, 2, 1, 7, 6, 7, 4]，编写程序统计列表中各元素出现的次数，并将结果按照下面格式输出：元素×××在列表中出现×××次。

5. 编写程序，将由 1、2、3、4 这 4 个数字组成的每位数都不相同的所有 3 位数存入一个列表中并输出该列表。

6. 已知某班学生成绩如下：

姓名	成绩	姓名	成绩	姓名	成绩
Aaa	80	Bbb	75	Ccc	88
Ddd	65	Eee	90	Fff	95
Mmm	58	Www	86	Yyy	78

创建一个字典存放学生的学号和成绩，完成以下操作。

① 按学生成绩升序（从小到大）排列。

② 返回学生成绩的总分和平均分，平均分保留两位小数。

③ 返回成绩大于 85 的学生姓名。

输出结果如下所示：

```
{'Aaa': 80, 'Bbb': 75, 'Ccc': 88, 'Ddd': 65, 'Eee': 90, 'Fff': 95, 'Mmm': 58, 'Www':
86, 'Yyy': 78}
    [('Mmm', 58), ('Ddd', 65), ('Bbb', 75), ('Yyy', 78), ('Aaa', 80), ('Www', 86), ('Ccc',
88), ('Eee', 90), ('Fff', 95)]
    学生的总分为 715, 平均分为 79.44
Ccc Eee Fff Www
```

7．文本字符分析。编写程序，接收字符串，按字符出现频率的降序输出字母。分别尝试录入一些中、英文文章片段，比较不同语言之间字符频率的差别。

8．《水浒传》人物统计。编写程序，统计《水浒传》中前 20 位出场次数最多的人物。

第 5 章

函数

软件开发中，复杂的系统往往被划分为若干子系统，通过分开开发和调试这些子系统可以提高系统开发效率。高级语言中的子程序就是用来实现这种功能模块划分的，这种子程序就是函数。在系统编程中，通常将相对独立、经常使用的功能设计为函数。具有某种功能的函数编好后，如果系统需要这种功能，只需要调用该功能函数即可，这样避免了重复编写代码。函数有利于代码复用、功能统一，便于分工合作，提高软件的开发效率。

本章学习目标如下。

- 熟练掌握函数的定义与调用。
- 理解函数的参数传递。
- 熟练掌握函数中多种类型的参数使用。
- 熟练掌握函数中局部变量和全局变量的使用。
- 熟练使用 lambda 表达式。

5.1 函数的定义与调用

函数是有组织的、可被重复调用的、实现某一特定功能的代码段，它能够很好地实现程序的模块化及提高代码的复用率。Python 自身提供了很多内置函数，如 print()、input()等，除此之外，用户还可以创建能够满足自身需要、实现特定功能的函数。

微课堂

函数的定义与调用

5.1.1 函数的定义

在开发中，如果出现反复调用一段具有相同功能的代码，可以考虑将这段代码抽象为一个函数。

【例 5-1】输入任意大于 0 的两个正整数 n 和 k（$n>k$），求 C_n^k，用程序实现。

分析：根据数学知识可知 $C_n^k = \dfrac{n!}{k! \times (n-k)!}$。

程序代码如下：

```
1   n = int(input("请输入正整数 n: "))
2   k = int(input("请输入正整数 k: "))
3   s1 = s2 = s3 = 1
4   for i in range(1, n + 1):
5       s1 = s1 * i
6   for i in range(1, k + 1):
7       s2 = s2 * i
8   for i in range(1, n-k+1):
9       s3 = s3 * i
10  print("结果为: ")
11  print(s1 / (s2 * s3))
```

运行结果：

```
请输入正整数 n: 5
请输入正整数 k: 3
结果为:
10.0
```

在上面这段程序中可以发现"for i in range(1, x + 1):"代码及"y = y * i"代码被反复使用，因为这两行代码能实现求阶乘的功能，于是求 n、k、$(n-k)$ 的阶乘时，这两行代码被反复书写，只是用 n、k、(n-k) 替换掉了 x，用 s1、s2、s3 替换掉了 y。对于这种被反复书写的、实现同一个功能的代码，我们就要考虑将其抽象为一个函数，当需要该功能时，直接调用该函数来实现，可避免代码的重复书写。

Python 中使用 def 保留字定义函数，语法形式如下：

```
def 函数名([参数列表]):
    函数体
    [return  表达式]
```

函数的参数列表一般称为形式参数（以下简称形参）列表。

定义函数的规则如下。

（1）函数名必须满足标识符的命名规则，并且不能用保留字作为函数名。

（2）def 这行语句中，不需要声明函数形参类型，也不需要指定函数返回值的类型。

（3）如果函数是无参函数，即函数不接收任何形参，但函数名后必须保留一对空的圆括号。

（4）函数名后圆括号的后面必须要有冒号。

（5）函数体中如果有多行代码都必须统一左对齐，并且相对于 def 保持同样的缩进量。

（6）如果函数有返回值则用 return 语句结束函数体，如果函数没有返回值就不用写 return 语句。

图 5-1 中定义了一个求阶乘的函数 fac()，形参为 n，函数能够计算 n 的阶乘并将计算结果返回。

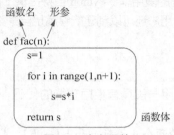

图 5-1　定义函数

Python 在定义函数时不需要指定形参的类型，而完全由调用者传递的实际参数（以下简称"实参"）类型以及 Python 解释器的理解和推断来决定。

如果函数形参列表为空，则表明函数不需要接收任何形参。

如果函数形参列表非空，函数在没有被调用时形参只是一个符号，不会存储任何数据。函数在被主程序调用时，由主程序将实参传递给形参，形参才被赋值，形参就像数学函数中的自变量。

Python 定义函数时不需要指定函数的类型，因为函数的返回值由函数体中的 return 语句决定。有返回值的函数被调用后会将返回值返回给主程序，函数的返回值就相当于数学函数中的因变量。

除了返回函数的返回值外，return 的另一个功能就是结束函数。

如果函数体内没有 return 语句，或者有 return 语句但是没有执行到，或者只有单独的 return 而没有后接表达式，Python 将认为该函数以 return None 结束。

如果函数需要返回多个值，可以考虑将需要返回的多个值构成一个元组，让函数返回该元组。

5.1.2　函数的调用

1. 函数的调用

函数必须先定义再调用，因此，在定义了一个函数之后，就可以直接调用这个函数，调用的语法形式如下：

函数名（参数列表）

调用一个函数时，函数名后面括号中的参数列表为实参列表，也就是主程序在调用函数时，传递给该函数的真实参数值，这些真实参数值传递给函数后用来初始化函数定义中的形参。函数调用时实参列表必须和形参列表一一对应。

每个实参都是一个表达式，当主程序调用一个函数时，首先要计算实参列表中各个表达式的值；然后主程序暂停执行，开始执行被调函数，被调函数中形参的初值就是主程序中实参列表中各个表达式的求值结果；当被调函数执行到 return 语句或者执行到被调函数体末尾时，被调函数执行结束，回到主程序中继续执行主程序。

因此，【例 5-1】的改进代码为：

```
1  def fac(n):
2      s = 1
3      for i in range(1, n + 1):
4          s = s * i
5      return s
6  n = int(input("请输入正整数 n: "))
```

```
7   k = int(input("请输入正整数 k: "))
8   print("结果为: ")
9   print(fac(n) / (fac(k) * fac(n - k)))    #3 次调用 fac()函数
```

本程序中，定义了 fac()函数后，整个代码就十分精简。第 9 行的 print()函数中，分别用 n、k、(n - k) 3 个表达式作为实参调用了 fac()函数，计算出 n、k、(n - k)的阶乘的结果，并将最后计算出的值作为 print()函数的实参。

【例 5-2】定义与调用无参函数。

程序代码如下：

```
1   def printplus():
2       print("++++++++++++++++++++")
3   print("开始")
4   printplus()  #调用 printplus()函数
5   printplus()  #调用 printplus()函数
6   print("结束")
```

本程序中，printplus()函数就是一个无参函数，它具有在一行上连续输出 20 个"+"的功能。

【例 5-3】定义与调用斐波那契数列函数。

程序代码如下：

```
1   def fibfun(n): #数值小于 n 的数列
2       a, b = 0, 1
3       while a < n:
4           print(a, end=' ')
5           a, b = b, a+b
6       print()
7   fibfun(500)
8   fibfun(500.9)
```

运行结果：

```
>>>
0 1 1 2 3 5 8 13 21 34 55 89 144 233 377
0 1 1 2 3 5 8 13 21 34 55 89 144 233 377
```

【例 5-4】函数中 return 语句的使用。

程序代码如下：

```
1   def fun(n):
2       if n > 0:
3           return
4           print("China")
5       elif 0 == n:
6           return - 100
7           print("JX")
8       else:
9           print("NC")
10  y1 = fun(33)
11  y2 = fun(0)
12  y3 = fun(-10)
13  print(y1, y2, y3)
```

运行结果：

```
NC
None - 100 None
```

本程序中，执行主程序，y1 = fun(33)进入了 fun()函数的 if n > 0 分支，return 语句直接结束了 fun()函数调用，并返回 None，所以 y1 变量中存放的是 None。y2 = fun(0)进入的是 elif 0 == n 分支，return -100 结束函数调用并返回-100，而 print("JX")无法执行，然后 y2 变量接收了返回值-100。y3 = fun(-10)进入的是 else 分支，执行 print("NC")输出"NC"，没有 return 但到了 fun()函数的结尾，于是 fun()函数调用结束并返回 None，于是 y3 变量中存放的是 None。

【例 5-5】 编写及调用一个求 x 的 n 次方的函数（n ≥ 0）。

分析： 由于函数能够接收 x 和 n 这两个数值，所以函数应该有两个形参。

程序代码如下：

```
1  def power(x, n):
2      val = 1
3      for i in range(n):
4          val *= x
5      return val
6  print(power(2, 3))
7  print(power(3, 4))
```

运行结果：

```
8
81
```

【例 5-6】 输入一个 8 位二进制，将其转换为十进制输出。

分析： 将二进制转换为十进制，只要将二进制中每一位都乘相应的权值，然后求和。这里要用到【例 5-5】中创建的 power()函数。例如，$(00100110)_2 = 1 \times 2^5 + 1 \times 2^2 + 1 \times 2^1 = (38)_{10}$，因此当输入 00100110 时，程序输出的是 38。

程序代码如下：

```
1  def power(x, n):
2      val = 1
3      for i in range(n):
4          val *= x
5      return val
6  num=int(input("请输入 8 位二进制: "))
7  s = 0
8  for i in range(8):
9      n = num % 10
10     num = num // 10
11     s += n * power(2, i)
12 print(s)
```

运行结果：

```
请输入 8 位二进制: 00100110
38
请输入 8 位二进制: 10000001
129
```

【例 5-7】 设计 sin()的函数，求 sin(30°)，其近似值按如下公式计算，计算精度为 10^{-10}，

$$sin\ x = \frac{x}{1!} - \frac{x^3}{3!} + \frac{x^5}{5!} - \frac{x^7}{7!} + \cdots = \sum_{n=1}^{\infty} (-1)^{n-1} \frac{x^{2n-1}}{(2n-1)!}$$

分析： 由于函数能够接收 x 和 n 这两个数值，所以函数应该有两个形参。

程序代码如下：

```
1  def mysin(x):
2      i = 1
3      t = x
```

```
4        s = 0
5        while abs(t) >= 1e-10:
6            s += t
7            i += 1
8            t = -t * x ** 2 / (2 * i - 1) / (2 * i - 2)
9        return s
10   angle = 30
11   print(mysin(angle / 180 * 3.1415926))
```

运行结果:

```
0.4999999922852595
```

2. 函数的嵌套调用

函数允许嵌套调用，如函数 1 调用了函数 2，函数 2 再调用函数 3。

【例 5-8】输入两个数和一个不小于零的整数 n，求两个数的 n 次方和。

分析：整个算法比较简单，但为了讲解函数的嵌套调用，这里将整个程序写成嵌套调用的形式。设计两个函数，一个函数实现数的 n 次方，另一个函数实现两个数的 n 次方和。

程序代码如下:

```
1   def power(x, n):
2       val = 1
3       for i in range(n):
4           val *= x
5       return val
6   def fun(a, b, n):
7       return(power(a, n) + power(b, n))
8   a = float(input("请输入数 a: "))
9   b = float(input("请输入数 b: "))
10  n = int(input("请输入正整数 n: "))
11  print("a**n + b**n= ", end = "")
12  print(fun(a, b, n))
```

运行结果:

```
请输入数 a: 2
请输入数 b: 3
请输入正整数 n: 3
a**n + b**n = 35.0
```

图 5-2 所示为函数的嵌套调用过程。

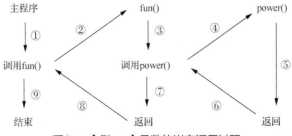

图 5-2 【例 5-7】函数的嵌套调用过程

3. 递归调用

函数可以自己调用自己，这个过程称为递归调用。

递归调用是指函数的函数体中出现了调用自身函数的语句，如:

```
1  def fun():
2      …
3      fun()
4      …
```

上面的程序中，fun()函数体中就出现了函数调用语句 fun()，这就是递归调用。如果 fun()函数一直调用 fun()函数自身，会形成一个无限循环调用的过程。

下面的程序是函数间接调用自身：

```
1  def fun1():
2      print("富强 民主 文明")
3      fun2()
4  print("公正 法治 爱国")
5  …
6  def fun2():
7      print("和谐 自由 平等")
8      fun1()
9  print("敬业 诚信 友善")
10 …
```

上面程序中，fun1()函数中调用了 fun2()函数，而 fun2()函数中又调用了 fun1()函数，于是就形成了循环互相调用的过程，这也是一种递归调用。

有限的递归调用才有意义，无限的递归调用如死循环一样永远得不到解，无实际意义。所以我们在使用递归调用功能时，一定要保证递归调用能正常结束。

【例 5-9】用递归实现 $n!$。

分析：如果采用递归方式求 $n!$，则可以设计如下公式。

$$n! = \begin{cases} Error & (n < 0) \\ 1, & (n = 0) \\ n(n-1)!, & (n > 0) \end{cases}$$

当 $n>0$ 时 $n!=n(n-1)!$，被求阶乘的值一直在变小，最终会达到 n 为 0 的时候，这时候不再求阶乘，而是直接给一个 1，所以 $n=0$ 是递归的结束条件。程序代码如下：

```
1  def fac(n):
2      val = "Error"
3      if n < 0:
4          pass
5      elif 0 == n:
6          val = 1
7      else:
8          val = n * fac(n - 1)
9      return val
10 print(fac(5))
11 print(fac(-2))
```

运行结果：

```
120
Error
```

5.2 函数的参数传递

函数未被调用时，函数的形参只是一个符号，并不占有实际的内存空间，不存储任何数据，只有在被调用时才为形参分配存储单元，用来存储传递过来的实参。当函数调用结束时，会释放形参所分配的内存单元，所以形参只有在被调用的函数内才有效，函数调用结束，就不能再使用该形参变量。由于 Python 中没有强调变量的类型，所以形参是可以接收任何类型的实参数据。

实参对形参的数据传递是单向的，即只能把实参的值传递给形参，而不能把形参的值反向传递给实参，在函数内部修改形参的值也不会影响实参。Python 中可以通过特殊的方式在函数内部修改实参的值，由于这种方式不常用，本书不讲解这种修改实参的方式。

【例 5-10】调用函数将两个数交换后输出。程序代码如下：

```
1  def swap(a, b):
2      print("swap()函数中初始形参 a、b 的值为: ", a, ",", b)
3      t = a
4      a = b
5      b = t
6      print("swap()函数调用结束时 a、b 的值为: ", a, ",", b)
7  x = 10
8  y = 20
9  print("没调用 swap()函数前 x、y 的值为: ", x, ",", y)
10 swap(x, y)
11 print("调用 swap()函数后 x、y 的值为: ", x, ",", y)
```

运行结果：

```
没调用 swap()函数前 x、y 的值为:  10 , 20
Swap()函数中初始形参 a、b 的值为:  10 , 20
Swap()函数调用结束时 a、b 的值为:  20 , 10
调用 swap()函数后 x、y 的值为:  10 , 20
```

分析：从上面的运行结果看出，swap()函数能够将形参 a、b 的值进行交换，而主程序中将 x 和 y 作为 swap()函数的实参调用 swap()函数，swap()函数调用结束后 x 和 y 的值并没有变化，即 swap()函数并没有修改实参 x 和 y。这是因为函数调用采用的是值传递方式，a、b 形参接收实参 x、y 传递来的值的过程，只是将 x、y 的值复制一份给了 a、b 形参，使 a、b 形参有值。a、b 拿到的是 x、y 的一个复印件，所以不管在复印件上如何涂改，都不会影响到原件。所以 swap()函数中形参的改变对实参是不会有影响的，图 5-3 是【例 5-10】程序执行时所有变量变化的情况。

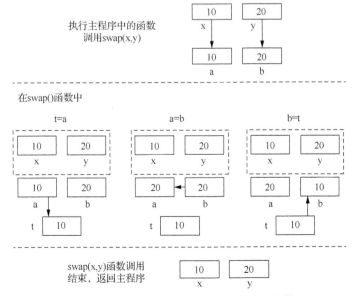

图 5-3 【例 5-10】程序执行时所有变量变化的情况

5.3 参数的类型

在 Python 中，函数的形参有很多种，如可以是普通参数、带默认形参值的参数、关键参数及可变长度的参数等，下面主要讲解带默认形参值的参数、关键参数及可变参数的定义和使用。

5.3.1 带默认形参值的函数

函数在定义时可以预先声明默认的形参值。函数被调用时，如果给出实参，则用实参来初始化形参，如果没有给出实参，则采用默认值来初始化形参。所以调用带有默认形参值的函数时，可以不对默认值参数进行赋值，也可以赋值，这增加了程序的灵活性。语法形式如下：

```
def 函数名([参数列表], 参数名 = 默认值):
    函数体
    [return   表达式]
```

带默认形参值的函数只在函数定义的时候被解释一次，并可以用"函数名.__defaults__"来查看该函数的默认值。代码如下：

```
1  def fun(a = 1,b = 2, c = 3):
2      print(a, b, c)
3  fun(5, 10, 15)
4  fun(5, 10)
5  fun(5)
6  fun()
```

运行结果：

```
5 10 15
5 10 3
5 2 3
1 2 3
```

有默认值的参数必须放在函数参数列表的最右边，即任何一个有默认值的参数右边不能有非默认值参数。因为调用函数时，是从左到右将实参与形参建立对应关系的。示例如下：

```
1  def fun(a = 1, b = 2, c = 3):       #正确
2      print(a, b, c)
3  def fun(a = 1, b = 2 ,c):           #错误
4      print(a, b, c)
5  def fun(a = 1, b, c = 3):           #错误
6      print(a, b, c)
```

执行上面的错误代码会显示下面的提示：

```
SyntaxError: non-default argument follows default argument
```

【例 5-11】带默认形参值的函数举例。

本函数的功能是求矩形的体积，函数名为 fun，有长、宽、高 3 个参数，其中宽和高这两个参数有默认值为 1。

程序代码如下：

```
1  def fun(l, w = 1, h = 2):
2      return l * w * h
3  print(fun(4, 5, 6))
4  print(fun(3, 2))
5  print(fun(3))
6  print(fun.__defaults__)
```

运行结果：

```
120
12
6
(1, 2)
```

5.3.2 关键参数

调用函数时实参和形参的顺序是必须严格一致的，当参数列表中的参数比较多时，填写实参容易出现顺序出错，导致程序结果不正确的情况。虽然现在一些优秀的开发环境会在写出函数时即刻给出函数参数名和个数的提示，但 Python 也给出了一种避免用户需要牢记参数顺序的方法——关键参数，关键参数主要指实参。通过关键参数，在函数调用时，实参顺序可以和形参顺序不一致，并且保证参数传递正确。

关键参数语法形式如下：

函数名(关键参数名 1 = 实际值 1[, 关键参数名 2 = 实际值 2]…)

【例 5-12】关键参数的使用。

程序代码如下：

```
1  def fun(l, w = 1 ,h = 2):
2      return l * w *h
3  print(fun(4, 5, 6))
4  print(fun(h = 4, l = 5, w = 3))
5  print(fun(w = 4, l = 6))
```

运行结果：

```
120
60
48
```

在代码中，print(fun(h = 4, l = 5, w = 3))的实参值 4、5、3 的名字（即关键参数）被指定为 h、l、w，所以进入 fun()函数中，形参 l、w、h 的值被初始化为 5、3、4。print(fun(w = 4, l = 6))中的实参 4、6 的关键参数被指定为 w 和 l，而 h 没有给出实参，所以在进入 fun()函数后，形参 h 被默认值 2 初始化，形参 l 和 w 分别被实参 6、4 初始化。

5.3.3 可变长度参数

可以接收所有的实参，就是万能参数，又称为可变参数。可变参数主要有以下两种形式。

1."*+形参"的用法

定义函数时，函数形参如果是"*+形参"，则表示函数可以接收任意个数的实参，调用该函数时，放入的实参之间要用逗号隔开，函数会接收这些实参并将这些实参存放在一个元组中。

【例 5-13】可变参数举例。

程序代码如下：

```
1  def fun(*p):
2      print(p)
3  fun(1)
4  fun(1, 2)
5  fun(1, 2, 3)
6  fun(1, 2, 3, 4, 5, 6, 7, 8)
7  fun([2, 3, 4])
```

运行结果：

```
(1,)
(1, 2)
(1, 2, 3)
(1, 2, 3, 4, 5, 6, 7, 8)
([2, 3, 4],)
```

程序中第 7 行 fun 的实参是一个列表[2, 3, 4]，进入 fun()函数后，列表会被存储为元组的一个元素。

2. "**+形参"的用法

定义函数时，函数形参如果是"**+形参"，则表示函数可以接收任意多个显式赋值的实际参数，并将其放到一个字典中。调用该函数时，实参要写成键、值的字典形式，即用一个已经存在的字典作为函数的实际参数。

【例 5-14】可变长度参数举例。

程序代码如下：

```
1  def fun(**p):
2      print("p = ", p)
3      print("p type is", type(p))
4  fun(ID = "20220120", name = "张三")
5  fun(ID = "20220236", name = "Li Si", age = 18)
```

运行结果：

```
p = {'ID': '20220120', 'name': '张三'}
p type is <class 'dict'>
p = {'ID': '20220236', 'name': 'Li Si', 'age': 18}
p type is <class 'dict'>
```

【例 5-15】多种类型参数混用举例。

程序代码如下：

```
1  def fun(a, b, c = 10, d = 20, *e, **f):
2      print(a, b, c, d)
3      print(e)
4      print(f)
5  fun(1, 2, 3, 4, 5, 6, 7, 8, 9, 0, name = "ZS", age = 14)
```

运行结果：

```
1 2 3 4
(5, 6, 7, 8, 9, 0)
{'name': 'ZS', 'age': 14}
```

代码中定义函数 fun()时有 2 个普通参数，2 个带默认值的参数，2 个可变长度参数，共 6 个形参。调用 fun()时用了 12 个实参，函数 fun()会根据形参的个数自动获取对应的实参值。1、2、3、4 用来初始化 a、b、c、d，由于"*e""**f"都是可变参数，而 name = "ZS", age = 14 这种键值对方法只能初始化 f，所以剩下的 5、6、7、8、9、0 就用来初始化可变长度参数 e。这种多种类型参数混用的方法虽然能够正常执行，但容易使参数传递混乱且容易出错，所以不在特殊情况下不建议使用。

一般而言一个函数的参数不会很多，如果很多说明函数的功能复杂，就要考虑将函数进行功能拆分。

5.3.4 | 实参序列解包

如果程序中已经存在列表、元组、集合、字典以及其他迭代对象时，可以通过序列解包的方式将对象拆分为单个元素传给函数，用这些元素初始化函数的形参。对象序列解包的格式就是在需要解包的对象名前面加上星号"*"，并将星号"*"和对象名全部作为实参来调用函数。如果做实参的是星号加字典对象名，则解包的是该对象的"键"，如果需要解包该对象的"值"，则需要调用字典的 values()函数。

【例 5-16】序列解包举例。

程序代码如下：

```
1  def fun(a, b, c):
2      print(a + b + c)
3  x = [1, 2, 3]
4  fun(*x)
5  y_dic = {1:'Prosperity ', 2:'Democracy ', 3:'Civility '}
6  fun(*y_dic)
7  fun(*y_dic.values())
```

运行结果：

```
6
6
Prosperity  Democracy  Civility
```

5.4 变量的作用域

作用域是一个标识符在程序中起作用的区域，不同作用域的同名标识符之间不会互相影响。变量的作用域分为局部作用域和全局作用域。

5.4.1 局部作用域与局部变量

【例 5-17】局部变量作用域举例。

程序代码如下：

```
1  def fun(a):        #形参a作用域的开始
2      b = a          #变量b作用域的开始
3      if b < 0:
4          c = a      #如果创建了c变量就无法创建d变量，变量c作用域的开始
5      else:
6          d = b      #如果创建了d变量就无法创建c变量，变量d作用域的开始
7      e = a + b      #变量e作用域的开始
8      print(e)       #形参a及变量b、c、d、e作用域的结束
9  fun(6)
10 fun(-6)
```

运行结果：

```
12
-12
```

上面程序中，函数 fun()的形参列表中声明了形参 a，函数体内创建了变量 b，并用 a 的值初始化 b。接着在 if 语句中，创建变量 c，用 a 的值对其初始化。然后在 else 语句中，创建变量 d，用 b 的值对其初始化。最后创建变量 e，用 a、b 的和对其初始化。

整个 fun()函数中，形参 a 的作用域是从形参的声明处开始，到整个函数结束为止，即从代码第 1 行到代码第 8 行末尾。函数体内的定义的变量，其作用域从定义处开始，一直到该函数结束。例如，变量 b 的作用域是从代码第 2 行开始到代码第 8 行末尾，变量 c 的作用域是从代码第 4 行开始到代码第 8 行末尾，变量 d 的作用域是从代码第 6 行开始到代码第 8 行末尾。形参 a 和变量 b、c、d、e 的作用范围都是局部的，称为局部作用域。在 fun()函数内定义的变量，其作用域只在

函数内局部有效，这种在局部作用域内有效的变量又称为局部变量。

当函数调用结束后，系统会将该函数内创建的局部变量全部回收，回到主程序中的这些局部变量将不能再被访问。除非在函数中定义了全局变量，函数内定义的全局变量在函数结束后会仍然存在并可以被访问。

5.4.2 全局作用域与全局变量

在函数和类定义外声明的变量称为全局变量，全局变量不仅在所有函数内起作用，在函数外也起作用。全局变量的作用域为变量定义所在模块，从变量定义的位置开始，到文件末尾结束。

Python 中变量的定义不需要提前声明，假设执行到某个函数内，当前环境下不存在某标识符命名的局部变量，但有一个该标识符的全局变量，这时如果向该标识符赋值，程序是不会修改该标识符的全局变量的值的，而是会创建一个以该标识符命名的局部变量。根据这个特点，对全局变量的使用注意以下几种情况。

（1）如果程序中已经声明了某个全局变量 a，程序调用某个函数时，如果函数中又定义了同名的局部变量 a，则在进入该函数后局部变量 a 会屏蔽同名的全局变量 a，这时对 a 的任何赋值都是对局部变量 a 的值进行修改，全局变量 a 被屏蔽不可见。当该函数调用结束后回到程序中，该函数定义的局部变量 a 消失，全局变量 a 又可见。

（2）变量已经在函数外定义，属于全局变量。如果想在某个函数内修改该全局变量的值，则可以在该函数内使用 global 来声明使用该全局变量，使用 global 的前提是：该函数内不能有同名的局部变量在 global 声明前被创建，否则程序将报错。

（3）在函数内，如果直接使用 global 关键字对一个变量进行声明，而此时主程序没有该变量名的全局变量，则主程序会自动增加一个该变量名的全局变量。

一般而言，局部变量的引用要比全局变量速度快，并且由于局部变量在函数结束后会被回收，不会长期占用内存，所以如果没有特殊需求应尽量少创建全局变量，多使用局部变量。

【例 5-18】局部变量和全局变量使用举例。

程序代码如下：

```
1  def fun(b):
2      a = 30          #创建局部变量a
3      b = b + 1       #修改形参b的值
4      global c        #声明全局变量c
5      c = 35          #修改全局变量c的值
6      print(a, b, c)
7  a = 5
8  b = 15
9  c = 20
10 fun(b)
11 print("a, b, c=", a, b, c)
```

运行结果：

```
30 16 35
a,b,c = 5 15 35
```

程序中第4行声明变量 c 为全局变量，于是第5行对 c 的赋值就实现了修改全局变量 c 的值。

【例 5-19】局部变量和全局变量使用举例。

程序代码如下：

```
1  def fun(a, b, c):
2      a = 30          #修改形参a的值
```

```
3         b = b + 1      #修改形参 b 的值
4         global c       #声明使用全局变量 c
5         c = 35
6         print(a, b, c)
7    a = 5
8    b = 15
9    c = 20
10   fun(a, b, c)
11   print("a, b, c = ", a, b, c)
```

运行结果：

```
SyntaxError: name 'c' is parameter and global
```

程序编译报错，主程序中创建了全局变量 a、b、c，第 4 行代码是在函数 fun() 内声明将使用全局变量 c，由于在这行声明代码前已经有一个形参变量 c，所以将报错：已经有了形参 c，不能再声明为全局变量来使用。

【例 5-20】局部变量和全局变量使用举例。

程序代码如下：

```
1    def fun():
2        print(a)      #输出全局变量 a 的值
3        a = 10
4    a = 5
5    fun()
```

运行结果：

```
UnboundLocalError: local variable 'a' referenced before assignment
```

程序编译报错，问题出在第 3 行代码，第 3 行代码是创建一个局部变量 a 并赋值 10，局部变量 a 被创建后，整个 fun() 函数局部作用域变量 a 都将作为局部变量来使用，而第 2 行代码出现了局部变量 a 在被创建前使用，编译报错。如果没有第 3 行代码，第 2 行代码能够正常输出全局变量 a 的值 5。

【例 5-21】局部变量和全局变量使用举例。

程序代码如下：

```
1    def fun():
2        a = 30          #创建变量 a
3        global b        #声明一个新的全局变量 b
4        b = 35
5        print(a, b)
6    a = 5
7    fun()
8    print("a, b = ", a, b)
```

运行结果：

```
30 35
a, b = 5 35
```

如果一个程序包含多个模块，多个模块之间要共享一个变量，则可以将多个模块共享的变量编写到一个模块中。例如，有一个变量 global_i 需要多模块共享，则可以创建一个模块 global_V.py 来定义该变量：

```
1    global_i = 1
```

在模块 a.py 中如果想使用 global_i 变量，则使用下面的语句：

```
1    import global_V
2    global_V.global_i = 2
3    print(global_V. global_i)
```

如果执行 a.py 文件，运行结果：

```
2
```

在模块 b.py 中如果想使用 global_i 变量，则使用下面的语句：

```
1  import global_V
2  print(global_V.global_i)
```

接着执行 a.py 文件，运行结果：

```
1
```

5.5 lambda 表达式

lambda 表达式主要用来声明匿名函数，也就是没有函数名的、临时使用的小函数，尤其是当需要一个函数作为另一个函数的参数的场合。lambda 表达式只能包含一个表达式，该表达式的计算结果可以看作函数的返回值。由于 lambda 表达式相当于一个小函数，所以不能包含复杂的语句，但可以在表达式中调用其他函数。

lambda 语法形式如下：

```
lambda [参数列表] : 表达式
```

整个 lambda 语句是一个表达式，而不是代码块。整个 lambda 语句的值就是冒号后面表达式的计算结果。可以把 lambda 语句看作一个匿名小函数，lambda 后面的参数列表相当于函数的形参列表，冒号后面的表达式的值相当于函数的返回值。

【例 5-22】lambda 表达式。

程序代码如下：

```
1  Lf1 = lambda a, b, c : a + b + c          #Lf1 相当于 lambda 表达式的名字
2  Lf2 = lambda a, b = 1, c = 1 : a + b + c  #含有默认值参数
3  Lf3 = [(lambda a: a ** -2), (lambda a: a ** 2), (lambda : 10 )]
4  Lf4 = {'f1':(lambda a: a ** 2), 2:(lambda : 20)}
5  print(Lf1(1, 2, 3))
6  print(Lf2(1, 2))
7  print(Lf3[0](2), Lf3[1](3), Lf3[2]())
8  print(Lf4['f1'](3), Lf4[2]())
```

运行结果：

```
6
4
0.25 9 10
9 20
```

上面第 3 行代码 lambda()函数作为列表的一个成员，第 4 行代码中 lambda()函数作为字典中一个元素的值项。

5.6 函数嵌套定义

在 Python 中，函数是可以嵌套定义的，就是在一个函数定义内，再定义一个子函数。但子函数的作用域是局部的，只能在定义子函数的函数体内被调用。

【例 5-23】函数嵌套定义举例。

程序代码如下：

```
1  def fun(a, b):
2      a = a * a
3      b = b * b
4      def myadd(a, b):
```

```
5          return a + b
6      return myadd(a, b)
7  print(fun(2, 3))
```

运行结果：

```
13
```

上面的代码中，定义了一个 fun() 函数，在其函数体内又定义了一个 myadd() 函数，这时 myadd() 函数的定义是要缩进的。由于 myadd() 函数是定义在函数 fun() 内，所以只能在 fun() 函数体内才能调用 myadd() 函数，如果在 fun() 函数体外调用 add() 函数则会报错。如果在第 8 行书写代码 myadd(5,6)，则报错 "myadd() 函数没有被定义"。

由于函数体内可以嵌套定义一个函数，那么如果在这个嵌套函数中要修改上级函数中的变量，则可以用 nonlocal 语句。

【例 5-24】nonlocal 语句使用举例。

程序代码如下：

```
1  def fun():
2      a = 10
3      b = 15
4      print("a, b in fun = ",a,b)
5      def subfun():
6          a = 20      #创建了一个局部变量
7          nonlocal b
8          b = 25
9          print("a, b in subfun = ", a, b)
10     subfun()
11     print("a, b in fun = ", a, b)
12 fun()
```

运行结果：

```
a, b in fun = 10 15
a, b in subfun = 20 25
a, b in fun = 10 25
```

第 6 行代码创建了一个作用域在 subfun() 函数内的局部变量 a，并赋值 20。第 7 行代码声明 b 是一个上级函数内创建的变量，第 8 行则是修改这个上级变量。

【例 5-25】nonlocal 语句使用举例。

程序代码如下：

```
1  def fun():
2      a = 10               #创建 fun()函数的局部变量 a
3      print("a, b in fun = ", a, b)
4      def subfun():
5          a = 20           #创建 subfun()函数的局部变量 a
6          nonlocal b
7          b = 25
8          print("a, b in subfun = ", a, b)
9      subfun()
10     print("a, b in fun = ", a, b)
11 b = 15                   #全局变量
12 fun()
```

运行结果：

```
SyntaxError: no binding for nonlocal 'b' found
```

第 6 行代码报错，因为在该行代码前 subfun() 函数的上级函数 fun() 中没有创建局部变量 b。如果把第 6 行代码改为 global b，则程序就能正常执行；第 7 行给 b 的赋值则是将 25 赋值给全局变量 b，此时的程序运行结果：

```
a, b in fun = 10 15
a, b in subfun = 20 25
a, b in fun = 10 25
```

5.7 函数式编程

函数式编程，又称为函数程序设计或者泛函编程，它把问题分解为一系列的函数操作，数据依次流入和流出一系列函数，最终完成预定任务和目标。函数式编程将计算机运算视为数学上的函数计算，并且避免使用程序状态以及易变对象。在 Python 中，函数式编程主要涉及以下几个函数的使用：lambda()、map()、reduce()、filter()。前面已经介绍过 lambda()，这里介绍后面 3 个函数。

5.7.1 map() 函数

假设有一个列表 x = [10, 20, 30]，为列表中每个元素乘 10 得到一个新的列表 y，可以采用前面学习的列表生成式，代码为：

```
1  x = [10, 20, 30]
2  y = [i * 10 for i in x]
```

而利用 map() 函数，程序可以改写为：

```
1  x = [10, 20, 30]
2  y = list(map(lambda i:i * 10, x))
```

在第 2 行代码中定义了一个匿名函数，然后用 map 命令将该函数逐一应用到列表 x 中的每个元素，返回新序列，最后通过 list() 函数返回一个列表。

map() 函数可以接收多个参数，如 map(lambda a, b:a + b, x, y) 表示将 x 和 y 两个列表对应的元素相加，返回新序列。另外，相比列表生成式，map() 函数的效率更高，列表生成式本质上是 Python 的循环，而 map() 函数则是 C 语言级的循环速度。

5.7.2 reduce() 函数

reduce() 是标准库 functools 中的函数，其语法格式如下：

```
reduce(function, sequence[, initializer])
```

其中，function 为函数，有两个参数，sequence 为序列对象，initializer 为可选参数。当不带 initializer 参数时，先将 sequence 的第一个元素作为 function() 函数的第一个参数、sequence 的第二个元素作为 function() 函数的第二个参数进行 function() 函数运算，然后将运算结果作为下次 function() 函数的第一个参数，并将序列 sequence 中的第三个元素作为 function() 函数的第二个参数进行 function() 函数运算，依次进行下去，直到 sequence 序列中的所有元素都得到处理。当 reduce() 函数带初始参数 initializer 时，先将初始参数的值作为 function() 函数的第一个参数、sequence 的第一个元素作为 function() 函数的第二个参数进行 function() 函数运算，然后将得到的返回结果作为下一次 function() 函数的第一个参数，并将序列 sequence 的第二个元素作为 function() 函数的第二个参数进行 function() 函数运算，依次进行下去直到 sequence 序列中的所有元素得到处理。示例如下：

```
1  from functools import reduce
2  print(reduce(lambda x,y:x + y, [1, 2, 3, 4, 5, 6, 7, 8, 9, 10]))  #计算1+2+…+10 的和
3  print(reduce(lambda x,y:x * y, range(1, 6), 1))  #计算 5 的阶乘
```

5.7.3 | filter()函数

filter()函数将一个单参数函数作用到一个迭代类型上，过滤掉该迭代类型中不符合条件的元素，返回由符合条件元素组成的 filter 对象。示例如下：

```
1  def is_odd(x):
2      return x % 2 == 1
3  print(list(filter(is_odd, range(10, 20)))) #返回[11, 13, 15, 17, 19]
```

5.8 应用实例

【例 5-26】编写函数，接收任意多个实数，返回一个元组，其中第一个元素为所有实数的平均值，其他元素为所有大于平均值的实数。

程序代码如下：

```
1  def f(*p):
2      avg = sum(p) / len(p)
3      d=[x for x in p if x > avg]
4      return (avg, d)
5  m, n = f(10, 20, 40, 50, 30)
6  print(f'平均值为{m}，大于平均值的数有{n}。')
```

运行结果：

平均值为 30.0，大于平均值的数有[40, 50]。

【例 5-27】利用函数实现 2~1000 所有素数的输出，要求每行显示 10 个数。

先定义一个函数，判断给定一个正整数是不是素数，若是素数返回 True，否则返回 False。然后在循环语句中调用该函数，逐个判断 2~1000 的每个整数是不是素数，如果是素数则输出。

程序代码如下：

```
1   def isPrime(n): #判断整数 n 是否是素数，如果是返回 True，否则返回 False
2       flag = True    #首先假设 n 是素数
3       for i in range(2, n):
4           if n % i == 0: #如果 n 能被 1 和它本身之外的数整除，则将 flag 的值更改为 False
5               flag = False
6               break
7       return flag
8   k = 0 #k 为计数器，记录素数的个数
9   for j in range(2, 1001):
10      if isPrime(j):
11          print(f'{j:>8}', end = '')
12          k = k + 1
13          if k % 10 == 0:  #当素数是 10 的倍数时，换行
14              print()
```

【例 5-28】使用递归调用解决汉诺塔问题。

汉诺塔问题源于印度的一个古老传说：大梵天创造世界时，做了 3 根金刚石柱子，在一根柱子上从下往上按照大小顺序摆着 64 片黄金圆盘，称为汉诺塔。大梵天命令婆罗门把圆盘从一根柱子上按大小顺序重新摆放在另一根柱子上。并且规定，小圆盘上不能放大圆盘，在 3 根柱子之间一次只能移动一个圆盘。

汉诺塔问题可以描述为：假设柱子编号为 A、B、C，开始时 A 柱子上有 n 个盘子，需要把 A 上面的盘子全部移动到 C 柱子上，在 3 根柱子之间一次只能移动一个圆盘，且小圆盘上不能放大圆盘，在移动过程中可以借助 B 柱子。

要想完成把 A 柱子上的 n 个盘子借助 B 柱子移动到 C 柱子上的任务，只需完成以下 3 个子任务。

（1）把 A 柱子上面的 n−1 个盘子移动到 B 柱子上。

（2）把 A 柱子最下面的第 n 个盘子移动到 C 柱子上。

（3）把第（1）步中移动到 B 柱子上的 n−1 个盘子移动到 C 柱子上。

基于上述分析，汉诺塔问题可以使用递归函数实现。定义一个函数 hanoi(n, A, B, C)实现把 n 个圆盘从 A 柱子移动到 C 柱子，在移动过程中可以借助 B 柱子。

递归终止的条件为：当 n == 1 时，hanoi(1, A, B, C)是最简单的情况，直接把盘子从 A 柱子移动到 C 柱子。

当 n != 1 时，hanoi(n, A, B, C)函数可以分解为，先借助 B 柱子将 n−1 个盘子从 A 柱子移动到 B 柱子；然后将第 n 个盘子从 A 柱子移动到 C 柱子；最后借助 A 柱子再将 B 柱子上的 n−1 个盘子移动到 C 柱子。具体的实现函数为：hanoi(n−1, A, C, B)；hanoi(1, A, B, C)；hanoi(n−1, B, A, C)。

为了统计盘子的移动次数，声明一个全局变量 count，用于计数。递归函数定义及调用过程如下：

```
1  def hanoi(n, A, B, C):
2      global count
3      if n == 1:
4          print(f'{1}:{A}-->{C}')  #{}中的 1 表示 1 号盘子
5          count = count + 1
6      else:
7          hanoi(n - 1, A, C, B)
8          print(f'{n}:{A}-->{C}')  #{}中的 n 表示盘子的编号
9          count = count + 1
10         hanoi(n-1, B, A, C)
11 count = 0
12 n = int(input('请输入要搬的盘子数量:'))
13 hanoi(n, 'A', 'B', 'C')
14 print(f'{n}个盘子共搬了{count}次。')
```

运行结果：
```
请输入要搬的盘子数量:3
1:A-->C
2:A-->B
1:C-->B
3:A-->C
1:B-->A
2:B-->C
1:A-->C
3个盘子共搬了 7 次。
```

 本章习题

一、选择题

1. 在 Python 中，关于函数的描述，正确的是（　　）。

　　A. 一个函数中只允许有一条 return 语句

　　B. Python 中，def 和 return 是函数必须使用的保留字

　　C. Python 函数定义中没有对参数指定类型，这说明参数在函数中可以当作任意类型使用

　　D. 如果函数没有 return 语句，则函数返回空值

2. 在 Python 中，关于全局变量和局部变量的描述，不正确的是（　　）。

　　A. 一个程序中的变量包含两类：全局变量和局部变量

　　B. 全局变量一般没有缩进

　　C. 全局变量在程序执行的全过程有效

　　D. 全局变量不能和局部变量重名

3. Python 语句序列"f = lambda a,b: a * b; f(11 ,22)"的运行结果为（　　）。

　　A. 1122　　　　　　B. 33　　　　　　　C. 242　　　　　　D. 11

4. 在 Python 中调用函数时，根据函数定义的参数位置来传递的参数是（　　）。

　　A. 位置参数　　　　B. 关键参数　　　　C. 默认参数　　　　D. 可变参数

5. 运行"list(map(lambda x: x * 2, [1, 2, 3, 4]))"后，输出的正确结果是（　　）。

　　A. [1, 4, 9, 16]　　　　　　　　　　B. 1, 4, 9, 16

　　C. [2, 4, 6, 8]　　　　　　　　　　 D. 以上选项都不正确

6. 下面关于递归函数的描述，正确的是（　　）。

　　A. 包含一个循环结构　　　　　　　　B. 函数比较复杂

　　C. 函数内部包含对本函数的再次调用　　D. 函数名称作为返回值

7. 下面代码的运行结果是（　　）。

```
1  def f(n):
2      n += 1
3      x = 10
4  print(f(x))
```

　　A. 10　　　　　　　B. 11　　　　　　　C. None　　　　　　D. int

8. 下面代码的运行结果是（　　）。

```
1  def f(x, y):
2      x *= y
3      return x
4  s = f(5 ,2)
5  print(s)
```

　　A. 20　　　　　　　B. 10　　　　　　　C. 1　　　　　　　D. 12

9. 以下选项中，不属于函数的作用的是（　　）。

　　A. 提高代码执行速度　　　　　　　　B. 复用代码

　　C. 增强代码可读性　　　　　　　　　D. 降低编程复杂度

10. 以下选项中，对于函数的定义错误的是（　　）。

　　A. def vfunc(a, b = 2):　　　　　　B. def vfunc(a, b):

　　C. def vfunc(a, *b):　　　　　　　 D. def vfunc(*a, b):

二、填空题

1. 在函数内部可以通过关键字_____来定义全局变量。

2. 如果函数中没有 return 语句或者 return 语句不带任何值，那么该函数的返回值为_____。

3. 已知 f=lambda x, y:x + y，则 f([2], [3,4])的值是_____。

4. 假设已从标准库 functools 导入了 reduce()函数，则表达式 reduce(lambda x, y:x * y, [1, 2, 3])的值为_____。

5. 下面代码的运行结果为_____。

```
1  def f(p = []):
2      p.append(3)
```

```
3       return p
4   f()
5   f()
6   print(f())
```

6. 已知函数定义"def f(a, b, c, *p): print(len(p))"，则语句"f(1, 2, 3, 4)"的输出结果为＿＿＿＿＿＿。

三、上机操作题

1. 编写函数，接收一个字符串，分别统计大写英文字母、小写英文字母、数字、其他字符的个数，以字典的形式返回结果。

2. 将 lambda 函数和 map()函数联合，计算列表[1, 2, 3, 4, 5, 6, 7, 8]各元素的平方，输出的形式为列表。其中 lambda 表达式负责对输入元素进行求平方操作，map()函数则负责将列表中每个元素都应用于 lambda，从而实现对每个元素进行平方，最后输出结果。

3. 定义一个求斐波那契数列的函数 fib(n)，并编写测试代码，输出该数列的前 20 项，每项宽度为 5 个字符，靠右对齐，每行输出 10 个。请分别使用递归和非递归方式实现。

4. 编写函数，接收一个包含若干整数的列表，返回一个元组，元组的第一个元素为列表的最大值，另一个元素为最大值在列表中的索引。

第6章

文件与异常

程序运行过程中使用的数据和产生的数据都存储在内存中，它们都是暂时保存的，当程序运行结束时数据也随之丢失。如果要永久保存内存中的数据，就需要将这些数据存储到外存中，以后需要时再将数据从外存读入内存中。本章主要介绍数据的读取与存储，以及程序运行过程中的异常问题，最后介绍 wordcloud 库的使用方法。

本章学习目标如下。

- 理解文件的相关概念，掌握文件的打开、关闭和读写方法。
- 理解文件目录与路径的概念，掌握目录的操作方法。
- 了解异常的类型，掌握异常处理语句。
- 掌握 wordcloud 库的用法，并熟练运用词云获取文本主旨信息。

6.1 文件基础知识

6.1.1 文件与文件类型

文件是存储在外存中的一组相关数据序列，可以包含任何数据类型。从概念上看，文件是数据的集合和抽象。操作系统以文件为单位对外存中的数据进行管理，当数据需要存储到外存中时，必须先建立一个文件，然后将数据保存在这个文件中；当要从外存中读入数据时，要指定保存数据的文件，打开该文件之后才能读取相应数据。按照文件的数据组织形式，文件分为文本文件和二进制文件两种。

文本文件基于某一特定编码的字符组成，只包含基本文本字符，不包含字体、大小、颜色等格式信息，常见的编码有 ASCII、UTF-8、Unicode 等，内容容易统一展示和阅读。文本文件一般可以通过字处理软件（如记事本等）进行创建、修改和阅读，最常见的文本文件是".txt"文件。

二进制文件是基于值编码的文件，由二进制数 0 和 1 组成，没有统一的字符编码，无法用字处理软件直接编辑，也无法直接阅读和理解，文件内部数据的组织格式与文件用途有关。常见的二进制文件有图像文件、音/视频文件、".docx"文件、".xlsx"文件和".exe"文件等。

无论创建的是文本文件还是二进制文件，都可以采用"文本文件方式"或"二进制文件方式"打开，但打开后的操作不同。

6.1.2 目录与文件路径

文件是用来组织和管理一组相关数据的，而目录是用来组织和管理一组相关文件的。目录又称为文件夹，可以包含文件，也可以包含其他目录。文件可以保存在文件夹中，也可以直接保存在根目录下，文件的保存位置称为路径。图 6-1 所示的是 Windows 系统下的目录结构。

D 盘根目录下有一个文件夹"mypython"和一个 Word 文件"第6 章 文件与异常.docx"；文件夹"mypython"中有文件夹"Chapter6"、文本文件"data1.txt"和一个 Excel 文件"data2.xlsx"；在"Chapter6"中有一个 Python 程序文件"6-1.py"。

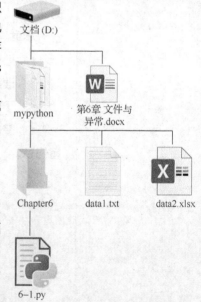

图 6-1 Windows 系统下的目录结构

1. 绝对路径

绝对路径是指从文件所在盘符（又称为根目录）开始描述文件的存储位置。例如，图 6-1 中文件"6-1.py"的绝对路径可以描述为"D 盘下 mypython 文件夹下 Chapter6 文件夹下的 6-1.py 文件"。Windows 中绝对路径可以表示为"D:\mypython\Chapter6\6-1.py"。其中，反斜线"\"是盘符、文件夹与文件之间的分隔符。在 Python 中，反斜线"\"为转义字符。因此，为了正确表示分隔符"\"，需要连续用两个反斜线表示，即在 Python 中，文件"6-1.py"的路径为"D:\\mypython\\Chapter6\\6-1.py"。

为了描述方便，Python 提供了另外两种路径字符串的表示方法。第一种为，将反斜线"\"用斜线"/"代替，则文件"6-1.py"的路径可以表示为"D:/mypython/Chapter6/6-1.py"；第二种为，在整个路径字符串前加字母"r"，声明字符串为原始字符串（raw string），不含转义字符，则文件"6-1.py"的路径可以表示为 r'D:\mypython\Chapter6\6-1.py'。

2. 相对路径

相对路径是指从当前工作目录开始描述文件的存储位置。和绝对路径相比，相对路径中从根目录到当前工作目录的部分都省略了，系统默认从当前工作目录开始根据路径描述定位文件。文件定位过程中，当前目录可以用"."代替，有时候需要返回上一级根目录，可以通过标记".."实现。如果要直接定位到根目录，可以通过"\\"或者"/"实现。

假设当前工作目录为 D 盘下的 mypython 文件夹，则图 6-1 中，"6-1.py"的相对路径字符串为".\\Chapter\\6-1.py"，"第 6 章 文件与异常.docx"的相对路径字符串为"..\\第 6 章 文件与异常.docx"。"data1.txt"位于当前工作目录下，可使用".\\data1.txt"或者直接用文件名定位。

3. 使用 os 库操作文件与文件夹

当前工作目录默认为 Python 程序的安装目录，通过 Python 自带 os 库中的函数不仅可以重新设置当前工作目录，还可以对文件和文件夹进行操作。导入 os 库的语句为：

```
import os
```

（1）getcwd()：获取当前工作目录

示例如下：

```
>>>import os
>>>os.getcwd()  #获取 Python 当前工作目录，默认为程序安装位置
'C:\\Users\\pc20210323\\AppData\\Local\\Programs\\Python\\Python311'
```

（2）chdir()：改变当前工作目录

示例如下：

```
>>>os.chdir(r'd:\mypython')
>>>os.getcwd()
'D:\\mypython'
```

（3）listdir()：返回指定目录下的文件和文件夹

示例如下：

```
>>>os.listdir(r'd:\mypython')
['Chapter6', 'data1.txt', 'data2.xlsx']
```

（4）mkdir()：创建文件夹

示例如下：

```
>>>os.mkdir(r'd:\mypython\Chapter1')      #在 d 盘的 mypython 文件夹中创建 Chapter1 文件夹
>>>os.listdir(r'd:\mypython')             #查看时发现 Chapter1 已经创建
['Chapter1','Chapter6', 'data1.txt', 'data2.xlsx']
```

（5）rmdir()：删除空文件夹

示例如下：

```
>>>os.rmdir(r'd:\mypython\Chapter1')
#删除刚创建的 Chapter1 文件夹
```

6.2 文件操作

通过绝对路径或相对路径定位到文件以后，就可以对文件进行操作。文件的操作过程包括以下 3 个步骤。

（1）打开文件。

（2）读取文件数据，或者写入文件数据。

（3）关闭文件。

6.2.1　内置的打开与关闭函数

大部分数据文件都是存储在外存中的，使用时需要从外存调入内存，进而才能由 CPU 进行处理。将文件从外存调入内存中的过程，称为打开文件。Python 中采用内置的 open()函数打开文件或者创建文件对象。在打开或创建文件之前，需要创建一个与外存物理文件相关的文件对象，然后根据该文件对象对文件内容进行读取和写入等操作。open()函数的一般格式如下：

```
fp = open(文件名, mode='r', encoding=None)
```

其中，fp 为文件对象，它指向要打开的文件，后续对文件的所有操作都通过 fp 实现；文件名是指定要打开数据文件名称的字符串，可以采用绝对路径，也可以采用相对路径；mode 指打开文件的模式，指定了打开文件的类型（文本文件用"t"表示或者省略字母 t，二进制文件用"b"表示且不可省略）以及读写方式（如文本只读、二进制覆盖写等），如果不指定打开模式，默认为文本只读，具体取值如表 6-1 所示；encoding 指定打开文件时编码或解码的方式，只能在以文本方式打开时使用，其值可以为 ASCII、UTF-8、Unicode 或 GBK 等。

表 6-1　　　　　　　　　　　文件的打开模式

文件类型	打开模式	可做操作	是否覆盖	文件不存在时
文本文件	r（可省略，等价于 rt）	只能读	—	报错
	r+（等价于 rt+）	可读可写	是	报错
	w（等价于 wt）	只能写	是	创建新文件
	w+（等价于 wt+）	可写可读	是	创建新文件
	x（等价于 xt）	只能写	否	创建新文件
	x+（等价于 xt+）	可写可读	否	创建新文件
	a（等价于 at）	追加写	否	创建新文件
	a+（等价于 at+）	可写可读	否	创建新文件
二进制文件	rb	只能读	—	报错
	rb+	可读可写	是	报错
	wb	只能写	是	创建新文件
	wb+	可写可读	是	创建新文件
	xb	只能写	否	创建新文件
	xb+	可写可读	否	创建新文件
	ab	追加写	否	创建新文件
	ab+	可写可读	否	创建新文件

需要注意的是，x 是创建写，当文件存在时会出现异常，而+需要与 r/w/a/x 一同使用，表示在原功能基础上增加同时读和写功能。

假设当前的工作目录为"D:\mypython\Chapter6"，该文件夹中有文本文件 changzheng.txt，存放的数据如图 6-2 所示。以下介绍两种文件打开方式。

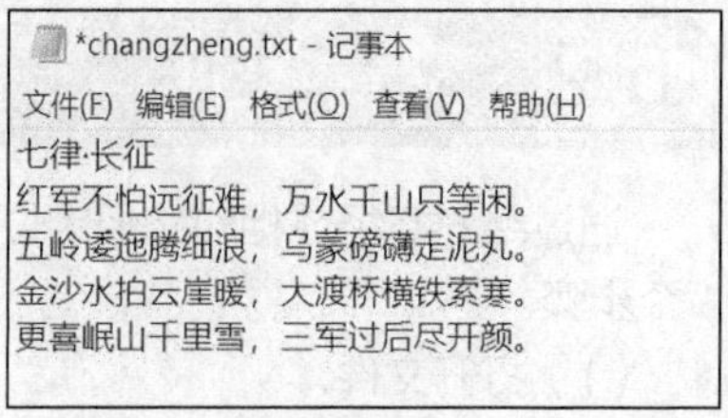

以绝对路径、文本只读方式打开文件：

```
fp = open(r'D:\mypython\Chapter6\changzheng.txt', 'r')
#默认为文本只读方式，'r'可省略
```

以相对路径、覆盖写、UTF-8 的编码方式打开文件：

```
fp = open('changzheng.txt', 'w', encoding = 'utf8')
#对于中文字符，要指定编码方式
```

图 6-2　changzheng.txt 文件内容

打开文件以后，文件就被 Python 程序占用并被调入内存之中，后续的所有读写操作均在内存中完成，此时其他任何应用程序都不能操作该文件。当对文件操作结束以后，为了释放文件使用权及内存空间，应及时关闭文件。关闭文件的语句为：

```
fp.close()
```

在实际开发中，文件的打开与关闭应优先考虑使用上下文管理语句 with，with 可以自动管理资源，可以在语句块执行完毕后自动关闭文件。并且无论什么原因，哪怕是代码引发了异常，只要程序跳出 with 语句块，总能保证文件被正确关闭。with 语句打开文件的语句如下：

```
with open(文件名, mode='r', encoding = None) as fp:
    #文件操作语句块
```

6.2.2 文件数据读取

将数据存入文件后，若想要再使用，就需要在打开文件后读取文件中的数据。Python 提供了 3 种从文件中读取数据的方法。

1. 读取整个文件

读取整个文件的方法为：

```
fp.read(size = -1)
```

read()方法默认读取文件中的所有数据，如果给出 size 参数，则读取 size 长度的字符串或字节流。示例如下：

```
>>>fp = open(r'd:\mypython\Chapter6\changzheng.txt', encoding = 'utf8')
>>>fp.read()
```
'七律·长征\n 红军不怕远征难，万水千山只等闲。\n 五岭逶迤腾细浪，乌蒙磅礴走泥丸。\n 金沙水拍云崖暖，大渡桥横铁索寒。\n 更喜岷山千里雪，三军过后尽开颜。'

上述代码的运行结果中，"\n"为换行符。再看如下示例：

```
>>>fp = open(r'd:\mypython\Chapter6\changzheng.txt', encoding = 'utf8')
>>>fp.read(5)
```
'七律·长征'
```
>>>fp.read(5)
```
'\n 红军不怕'

连续执行两次 fp.read(5)，结果不一样。这是因为以只读方式打开文件时，文件对象 fp 有一个文件指针，刚打开文件时文件指针指向文件头，第一次执行 fp.read(5)，返回从文件起始位置开始的 5 个字符，即"七律·长征"，此时文件指针指向"征"后的字符"\n"，第二次执行 fp.read(5)，则返回"\n"开始的 5 个字符"\n 红军不怕"。同理，如果打开文件后，连续执行 fp.read()两次，第一次会返回所有文本，第二次将返回空字符串。示例如下：

```
>>>fp = open(r'd:\mypython\Chapter6\changzheng.txt', encoding = 'utf8')
>>>fp.read()
```
'七律·长征\n 红军不怕远征难，万水千山只等闲。\n 五岭逶迤腾细浪，乌蒙磅礴走泥丸。\n 金沙水拍云崖暖，大渡桥横铁索寒。\n 更喜岷山千里雪，三军过后尽开颜。'
```
>>>fp.read()
```
''

如果想移动文件指针的位置，可以通过 seek()方法实现：

```
fp.seek(offset[, whence])
```

offset 为需要移动的字节数，正值往文件末尾方向移动、负值往开头方向移动；whence 为可选参数，表示从哪里开始移动，默认值为 0，0 表示文件开头，1 表示当前位置，2 表示文件末尾。如果操作成功，seek()方法返回新的文件指针位置，如果操作失败，返回-1。

注意

offset 为移动的字节数，不是字符数，相对当前位置和文件末尾的定位只适用于二进制文件的打开方式。

示例如下：

```
>>>fp = open(r'd:\mypython\Chapter6\changzheng.txt', encoding = 'utf8')
>>>fp.read(5)
'七律·长征'
>>>fp.seek(0, 0)    #指针再次指向文件开头
0
>>>fp.read(5)
'七律·长征'
>>>fp.seek(8, 0)    #指针定位于"·"后面，按照 UTF-8 编码方式，汉字占 3 个字节，"·"占 2 个字节
>>>fp.read(3)
'长征\n'
```

2. 逐行读取

文件中，行是以换行符为结束标记的。对于我们平常所说的段落，只要没有遇到回车符，无论显示上占几行，都按一行处理。逐行读取的方法为：

```
fp.readline(size = -1)
```

readline()方法读取文件中的当前行，以字符串的形式返回，包括行结束符"\n"。如果指定 size，表示读取该行的 size 长度的字符串或字节流。示例如下：

```
>>>fp = open(r'd:\mypython\Chapter6\changzheng.txt', encoding = 'utf8')
>>>fp.readline()    #读取第 1 行
'七律·长征\n'
>>>fp.readline(5)    #读取第 2 行的前 5 个字符
'红军不怕远'
>>>fp.seek(3, 0)    #一个汉字占 3 个字节，指针定位于"七"后
3
>>>fp.readline(13)    #读取"七"后 13 个字符，但字符不够时不会读取到下一行
'律·长征\n'
```

3. 读取所有行

读取所有行的方法为：

```
fp.readlines(hint = -1)
```

readlines()方法读取文件指针后的所有行，并以列表的形式返回，列表中的每个元素对应一行字符。hint 参数默认值为-1，hint 小于等于 0 时表示读取所有行；hint 大于 0 时，表示读取到第 hint 个字符所在行。示例如下：

```
>>>fp = open(r'd:\mypython\Chapter6\changzheng.txt', encoding = 'utf8')
>>>fp.readlines()    #返回列表
['七律·长征\n', '红军不怕远征难，万水千山只等闲。\n', '五岭逶迤腾细浪，乌蒙磅礴走泥丸。\n',
'金沙水拍云崖暖，大渡桥横铁索寒。\n', '更喜岷山千里雪，三军过后尽开颜。']
>>>fp.seek(22, 0)    #定位到第 2 行"军"字后面
22
>>>fp.readlines()
['不怕远征难，万水千山只等闲。\n', '五岭逶迤腾细浪，乌蒙磅礴走泥丸。\n', '金沙水拍云崖暖，大渡
桥横铁索寒。\n', '更喜岷山千里雪，三军过后尽开颜。']
>>>fp.seek(0, 0)    #定位到文件开始
```

```
0
>>>fp.readlines(22)    #读取到索引为 22 的字符所在行，即第 2 行的"\n"处
['七律·长征\n', '红军不怕远征难，万水千山只等闲。\n']
>>>fp.seek(0,0)
>>>fp.readlines(23)    #读取到索引为 23 的字符串（第 3 行的"五"处）所在行
['七律·长征\n', '红军不怕远征难，万水千山只等闲。\n', '五岭逶迤腾细浪，乌蒙磅礴走泥丸。\n']
```

读取所有行的结果是列表，可以通过遍历列表，显示读取的所有数据。

【例 6-1】使用 print 语句逐行输出文件"changzheng.txt"中的文本。

程序代码如下：

```
1  #6-1.py
2  fp = open(r'd:\mypython\Chapter6\changzheng.txt', encoding = 'utf8')
3  for line in fp.readlines():
4      print(line.rstrip('\n'))
5  fp.close()
```

输出的时候，使用字符串的 rstrip() 方法删除了每行行尾的换行符，否则输出的各行文本之间存在空行。

readlines() 方法会一次性将文件中的数据全部读入内存，当文件非常大时将占用较多的内存资源，影响程序的执行速度。更有效的方法是逐行读入需要的数据到内存，并逐行处理。Python 提供了这种解决方案，将文件本身作为一个行序列，通过遍历文件中的所有行即可。【例 6-1】中代码可改写如下：

```
1  with open(r'd:\mypython\Chapter6\changzheng.txt', encoding = 'utf8') as fp:
2      for line in fp: #直接使用文件对象，比使用读取所有行高效
3          print(line.rstrip('\n'))
```

6.2.3 文件数据写入

当一个文件以"写"的方式打开后，可以使用 write() 和 writelines() 方法将字符串写入文件。

1. 使用 write() 方法写文件

write() 方法将指定字符串写入文件当前插入点的位置，其语法格式如下：

```
fp.write(字符串)
```

该方法返回写入字符串的长度。由于缓冲，字符串内容可能没有保存到文件中，需要调用 flush() 方法刷新文件内部缓冲区，或者调用 close() 方法关闭文件，才能真正完成写入。以下代码为创建文件"changzheng2.txt"，并向其两次写入文本。

```
>>>fp = open(r'd:\mypython\Chapter6\changzheng2.txt', 'w') #以覆盖写的方式创建文件，此时只能写不能读
>>>fp.write('红军不怕远征难，万水千山只等闲。') #写入 16 个字符
16
>>>fp.write( '五岭逶迤腾细浪，乌蒙磅礴走泥丸。')
16
```

然而在"d:\mypython\Chapter6"目录中打开文件时，发现文件中不存在任何字符。这时需要调用 flush() 或者 close() 方法完成写入。示例如下：

```
>>>fp.flush()
```

两次写入后文本文件的内容如图 6-3 所示。

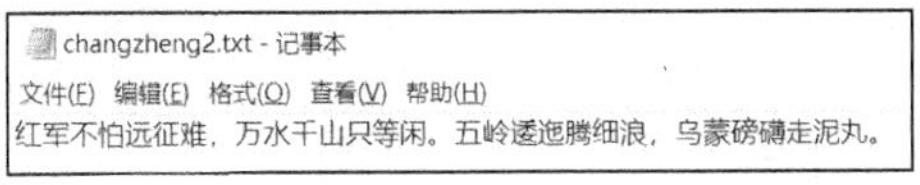

图 6-3 两次写入后文本文件的内容

write()方法不会在写入文本后自动添加换行符，如果想换行，需要在写入的文本后面添加换行符"\n"。如果想在文件开始位置写入标题文字"七律·长征"，需要将指针移动到文件开头。示例如下：

```
>>>fp.seek(0)
0
>>>fp.write('七律·长征\n')    #添加了换行符
6
>>>fp.flush()
```

在有数据的位置写入文件，会自动覆盖原始数据。"七律·长征\n"6个字符会覆盖上面写入的"红军不怕远征"。此时文件中的内容如图6-4所示。

```
changzheng2.txt - 记事本
文件(F) 编辑(E) 格式(O) 查看(V) 帮助(H)
七律·长征
难，万水千山只等闲。五岭逶迤腾细浪，乌蒙磅礴走泥丸。
```
图 6-4 覆盖后的文件内容

2. 使用 writelines()方法写文件

与 write()方法相比，writelines()方法可以一次性写入多个以序列形式存在的字符串，其语法格式如下：

```
fp.writelines(字符串序列)
```

下面举例说明。参考代码如下：

```
>>>fp = open(r'd:\mypython\Chapter6\coreValues.txt', 'w')
>>>fp.writelines(['富强', '民主', '文明', '和谐'])
>>>fp.writelines(['自由', '平等', '公正', '法治\n'])
>>>fp.writelines(['爱国', '敬业', '诚信', '友善'])
>>>fp.close()
```

执行完上述代码，文件内容如图6-5所示。

writelines()方法跟 write()方法一样，都以字符串原样写入，不会在字符串序列元素之间和末尾添加任何分隔符。如果要添加分隔符，需要在写入的字符串中添加，如第2个 writelines()方法写入的最后一个元素'法治\n'，末尾有一个换行符，因而文本文件在"法治"后换行，其他地方均未换行，字符之间也没有任何分隔符。

```
*coreValues.txt - 记事本
文件(F) 编辑(E) 格式(O) 查看(V) 帮助(H)
富强民主文明和谐自由平等公正法治
爱国敬业诚信友善
```
图 6-5 coreValues.txt 文件内容

需要注意的是，不像读操作可以读取一行，写操作没有 writeline()方法。

6.2.4 文件操作综合运用

每年年初国家统计局会公布上一年度各省 GDP。从国家统计局网站获取2020—2022 年中部 6 省的 GDP 数据，存放在"gdp.csv"文件中，如图 6-6 所示。

扩展名为".csv"的文件称为逗号分隔值文件，表示以逗号分割的纯文本形式存储表格数据的文件。逗号分隔值文件不带任何格式信息，广泛应用于不同程序之间转移表格数据。其分隔符不限定为逗号，还可以使用空格、分号或其他特殊字符等。逗号分隔值文件一般具有如下特征。

微课堂

文件操作综合运用

（1）纯文本，字符采用特定编码，如 UTF-8、Unicode 等。

（2）每条记录都有同样的属性序列。

（3）如果文件包含属性名，属性名写在文件第一行。

（4）文件中均为字符串，除分隔符之外，不能包含特殊字符。

要求编写程序，读取文件数据，计算各省 2021 年和 2022 年的名义 GDP 增长率，并将结果存储在文件"gdp1.csv"中，如图 6-7 所示。

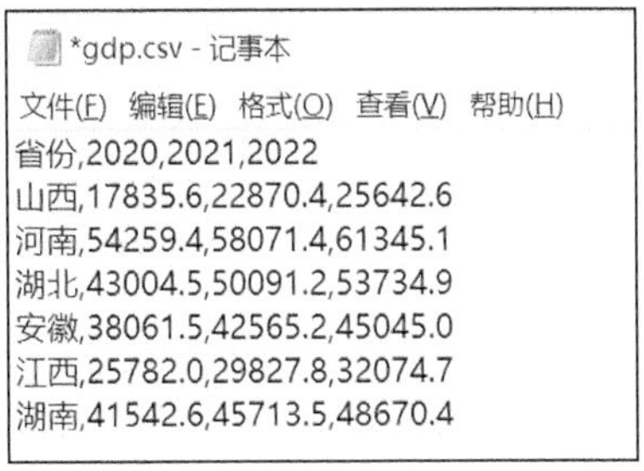

图 6-6　中部 6 省 2020—2022 年 GDP 数据

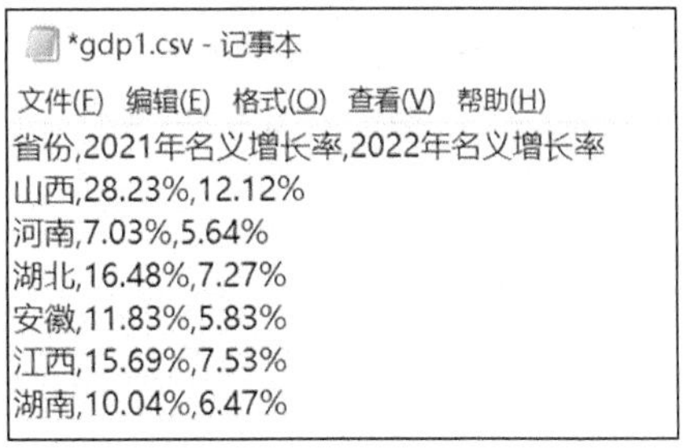

图 6-7　名义 GDP 增长率的计算结果

第 1 步，需要以只读方式打开"gdp.csv"文件，并以写文件方式创建"gdp1.csv"文件，通过 with 语句完成文件的打开与创建：

```
1   with open(r'd:\mypython\Chapter6\gdp.csv', 'r', encoding = 'utf8') as fr,
    open(r'd:\mypython\Chapter6\gdp1.csv', 'w', encoding = 'utf8') as fw:
```

第 2 步，需要跳过"gdp.csv"文件的第 1 行，并在"gdp1.csv"文件中写入属性名，代码如下：

```
1   fr.readline()
2   fw.write('省份,2021 年名义增长率,2022 年名义增长率\n')
```

第 3 步，逐行读取 fr 所指文件中每一行，计算名义 GDP 增长率，并将相关数据写入 fw 指向的文件中。对于 fr 中读取的每一行，先去掉行末尾的换行符，然后用字符串的 split(',')方法分割字符串，得到每一行 4 个值的列表。因为每一行的 3 个 GDP 数据为字符串，需要将其转换为浮点数后才能做算术运算。计算出的增长率，以百分数的形式保存，最后将数据写入文件。

程序的完整代码如下：

```
1   #计算名义 GDP 的增长率
2   with open(r'd:\mypython\Chapter6\gdp.csv', 'r', encoding = 'utf8') as fr,
    open(r'd:\mypython\Chapter6\gdp1.csv', 'w', encoding = 'utf8') as fw:
3       fr.readline()
4       fw.write('省份,2021 年名义增长率,2022 年名义增长率\n')
5       for line in fr:
6           line = line.rstrip('\n')
7           ls = line.split(',')
8           ls[1] = float(ls[1])
9           ls[2] = float(ls[2])
10          ls[3] = float(ls[3])
11          ls = [ls[0], '{:.2%}'.format((ls[2] - ls[1]) / ls[1]),\
12  '{:.2%}'.format((ls[3] - ls[2]) / ls[2])]
13          fw.write(','.join(ls) + '\n')
```

6.3　异常与异常处理

在程序运行过程中，即便是经验丰富的程序员，也无法避免程序出现错误。有些错误可能是程序员在编写代码过程中输入错误导致的，这类错误是显式的，在调试程序中就能发现；而有些错误，跟用户输入的数据有关，即便是经过严格测试，也不可能枚举程序所有可能出现的情况，这类错误是隐式的，往往会导致软件崩溃。

异常是指程序运行时引发的错误，引发错误的原因有很多，如 0 作为除数、索引越界、文件不存在、数据类型不匹配等。如果无法正确处理这些错误，异常将会导致程序终止运行，程序无法实现既定功能。如果异常发生时能够合理地捕获异常，并做出相应处理，可以提高程序的容错性、稳定性和健壮性。

6.3.1 | 常见的异常类型

Python 中常见的几种异常如表 6-2 所示。

表 6-2   Python 中常见的异常

异常类型	异常描述
NameError	名称错误，尝试访问一个未声明的变量引发的错误
IndexError	索引错误，访问的索引超出范围引发的错误
IndentationError	缩进错误，程序中代码缩进量不一致产生的错误
ValueError	值错误，传入的值不符合要求引发的错误
KeyError	键错误，尝试访问字典中不存在的键引发的错误
IOError	输入输出错误，无法打开或写入文件引发的错误
ImportError	导入错误，import 无法导入相关模块导致的错误
AtributeError	属性错误，尝试使用对象不存在的属性引发的错误
TypeError	类型错误，传入的对象类型与要求不一致产生的错误
ZeroDivisionError	零除错误，除数为 0 导致的错误
Exception	常见异常的基类

下面介绍几种常见异常及解决办法。

1. NameError
参考代码如下：

```
>>>print(a)
Traceback (most recent call last):
  File "<pyshell#9>", line 1, in <module>
    print(a)
NameError: name 'a' is not defined
```

解决办法：需要先给 a 赋值才能使用。在编写代码过程中，报 NameError 时，要查看该变量是否被赋值，或者变量名称是否输入错误。

2. IndexError
参考代码如下：

```
>>>ls = [1, 2, 3]
>>>ls[3] = 10
Traceback (most recent call last):
  File "<pyshell#2>", line 1, in <module>
    ls[3] = 10
IndexError: list assignment index out of range
```

解决办法：检查访问的索引或索引值是否在序列的取值范围之内，序列取值范围为 0～n-1 或者-n～-1，其中 n 为序列长度。

3. ValueError
参考代码如下：

```
>>>import math
>>>math.sqrt(-4)
Traceback (most recent call last):
  File "<pyshell#4>", line 1, in <module>
    math.sqrt(-4)
ValueError: math domain error
```

解决办法：检查出错语句中传递的值，将传入的值更改为符合取值要求的数据。

4. KeyError

参考代码如下:

```
>>>dt = {'a':1, 'b':2, 'c':3}
>>>dt['A']
Traceback (most recent call last):
  File "<pyshell#8>", line 1, in <module>
    dt['A']
KeyError: 'A'
```

解决办法:更改出错语句中所使用的字典的键,或者在字典中添加所需的键值对。

5. TypeError

参考代码如下:

```
>>>import math
>>>math.sqrt('abc;')
Traceback (most recent call last):
  File "<pyshell#5>", line 1, in <module>
    math.sqrt('abc;')
TypeError: must be real number, not str
```

解决办法:更改出错语句中相应量的值类型,使其值类型符合要求。

6.3.2 | 异常处理

Python 提供了多种形式的异常处理结构,其基本思路是一致的:先尝试运行代码,如果没有问题就正常执行;如果发生了错误就要捕获异常,然后针对不同类型的异常给出不同的处理。

1. try-except 语句

Python 异常处理中最基本的结构是 try-except 语句,其语法格式为:

```
try:
    #可能引发异常的语句
except 异常类型名称 1 [as 异常类型别名 1]:
    #异常处理代码块 1
except 异常类型名称 2 [as 异常类型别名 2]:
    #异常处理代码块 2
……
except 异常类型名称 N [as 异常类型别名 N]:
    #异常处理代码块 N
except:
    #异常处理代码 N+1
```

try-except 异常处理流程如下。

(1)执行 try 子句中的代码块,如果 try 子句中的代码没有发生异常,则忽略所有的 except 子句,Python 会继续往下执行异常处理结构后面的代码。

(2)如果 try 子句中代码引发异常,Python 会按照 except 子句的顺序依次匹配指定的异常,如果异常类型和 except 之后的异常类型名称相符,那么对应的 except 子句将被执行;如果异常已经处理,就不会再进入后面的 except 子句,Python 会继续往下执行异常处理结构后面的代码。

(3)如果 except 子句后面不指定异常类型,则默认捕获所有异常。

(4)如果发生的异常没有被任何 except 子句捕获,则继续抛出异常。

下面的代码为求用户输入的两个整数的商。

```
1  try:
2      a = int(input('请输入被除数:'))
```

```
3        b = int(input('请输入除数:'))
4        print('{}/{}={}'.format(a, b, a / b))
5   except ValueError as v:
6        print('值异常:', v)
7   except ZeroDivisionError as z:
8        print('0 除异常:', z)
```

第一次运行程序，输入 12.3，运行结果如下：

```
请输入被除数:12.3
值异常: invalid literal for int() with base 10: '12.3'
```

第二次运行程序，分别输入 10 和 0，运行结果如下：

```
请输入被除数:10
请输入除数:0
0 除异常: division by zero
```

代码中，except ZeroDivisionError as z 将异常 ZeroDivisionError 重新命名为 z，可以通过 print() 函数输出异常 z 的内容。

2. try-except-else 语句

带有 else 子句的异常处理结构可以看作双分支选择结构。如果 try 子句抛出了异常并且被 except 语句捕获则执行相应的异常处理代码，这时 else 子句中代码不会被执行；如果 try 中语句没有发生异常，则执行 else 子句中的代码，其语法格式为：

```
try:
    #可能引发异常的语句
except 异常类型名称 1 [as 异常类型别名 1]:
    #异常处理代码块 1
……
except 异常类型名称 N [as 异常类型别名 N]:
    #异常处理代码块 N
except:
    #异常处理代码 N+1
else:
    #try 子句中代码没有发生异常时需要执行的代码
```

下面的代码要求确保用户输入一个整数，直到输入的是整数为止。

```
1   while True:
2       n = input('请输入一个整数:')
3       try:
4           n = int(n)
5       except Exception as e:
6           print('异常:',e)
7       else:
8           print('输入的是整数{}'.format(n))
9           break
```

在 IDLE 中的运行结果如下：

```
请输入一个整数:1.43
异常: invalid literal for int() with base 10: '1.43'
请输入一个整数:agf
异常: invalid literal for int() with base 10: 'agf'
请输入一个整数:12
输入的是整数 12
```

在该程序中 Exception 是所有派生类的父类，能够捕获所有的异常。

3. try-except-finally 语句

这种结构中，无论 try 子句中代码是否发生异常，也不管异常有没有被 except 子句捕获，finally 子句中的代码总会被执行。finally 子句常用来做一些收尾的工作，如释放 try 子句中代码申请的资源、关闭文件等工作，其语法格式为：

```
try:
    #可能引发异常的语句
except 异常类型名称 1 [as 异常类型别名 1]:
    #异常处理代码块 1
……
except 异常类型名称 N [as 异常类型别名 N]:
    #异常处理代码块 N
except:
    #异常处理代码 N+1
finally:
    #无论 try 子句中代码是否发生异常，都会执行此处代码
```

仍以两个数相除为例，采用 finally 子句修改代码如下：

```
1  a = float(input('请输入被除数:'))
2  b = float(input('请输入除数:'))
3  try:
4      print('{}/{}={}'.format(a, b, a / b))
5  except ZeroDivisionError as z:
6      print('异常:', z)
7  finally:
8      print('程序执行完毕，不知是否发生了异常！')
```

运行程序输入 10 和 5，执行过程和结果如下：

```
请输入被除数:10
请输入除数:5
10.0/5.0=2.0
程序执行完毕，不知是否发生了异常!
```

运行程序输入 10 和 0，执行过程和结果如下：

```
请输入被除数:10
请输入除数:0
异常: float division by zero
程序执行完毕，不知是否发生了异常!
```

4. try-except-else-finally 语句

该语句的语法形式为：

```
try:
    #可能引发异常的语句
except 异常类型名称 1 [as 异常类型别名 1]:
    #异常处理代码块 1
……
except 异常类型名称 N [as 异常类型别名 N]:
    #异常处理代码块 N
except:
    #异常处理代码 N+1
else:
    #try 子句中代码没有发生异常时需要执行的代码
finally:
    #无论 try 子句中代码是否发生异常，都会执行此处代码
```

该语句的执行过程为，程序执行 try 子句中的语句，如果发生异常则中断当前执行的语句，跳转到对应的异常处理块中执行相应的异常处理代码；如果 try 子句中未发生异常，则执行完 try 子句中所有语句后跳转到 else 子句执行相应语句。无论 try 子句中是否发生异常，finally 子句中的语句都会得到执行。

下面的代码给出了所有月份的英文缩写，要求输入整数月份，输出对应月份的英文缩写。

```
1  month = ['Jan', 'Feb', 'Mar', 'Apr', 'May', 'Jun', 'Jul', 'Aug', 'Sep',
2  'Oct', 'Nov', 'Dec']
3  try:
4      n = int(input('请输入整数月份: '))
5      print(month[n - 1])
6  except ValueError as v:
7      print('值错误: ', v)
8  except IndexError as i:
9      print('索引错误: ', i)
10 else:
11     print('没有发生异常! ')
12 finally:
13     print('程序结束, 不知是否发生了异常! ')
```

第一次运行程序，输入 2.1，运行结果如下：

```
请输入整数月份: 2.1
值错误: invalid literal for int() with base 10: '2.1'
程序结束, 不知是否发生了异常!
```

第二次运行程序，输入 13，运行结果如下：

```
请输入整数月份: 13
索引错误: list index out of range
程序结束, 不知是否发生了异常!
```

第三次运行程序，输入 3，运行结果如下：

```
请输入整数月份: 3
Mar
没有发生异常!
程序结束, 不知是否发生了异常!
```

在异常处理语句中，else 和 finally 都是可选的。但如果都存在，else 子句必须在 finally 子句之前，且所有的 except 子句必须在 else 和 finally 之前，否则程序会出现语法错误。

6.4　wordcloud 库的使用

6.4.1　wordcloud 库简介

wordcloud 库是 Python 中非常优秀的词云展示第三方库。词云以词语为基本单元，对文本中出现频率较高的词以不同大小、不同颜色等更加直观和艺术的方式进行呈现。词云能够过滤掉大量低频、低质文本信息，通过词云图，读者只需"一瞥"就能领略文本的主旨信息。例如，根据2023 年政府工作报告的内容，生成的词云如图 6-8 所示。

图 6-8　根据 2023 政府工作报告生成的词云

wordcloud 库为第三方库，使用前需要使用 pip 工具安装，在 Windows 的命令提示符窗口中执行如下命令：

```
pip install wordcloud
```

上述命令执行完毕，在 IDLE 命令行中输入 import wordcloud 导入 wordcloud 库，用来检验安装是否成功。如果 pip 工具无法直接下载和安装，则读者需要参考 1.5.2 节中的安装方法完成安装。

6.4.2　wordcloud 库使用说明

词云使用起来非常简便，下面以人民网英文版 2023 年 7 月 8 日一则新闻中的一段英文文本为例来介绍词云库的使用。

```
>>>import wordcloud
>>>s = "China is New Zealand's fastest-growing major international partner in
co-producing scientific publications, according to a new report released on Friday."
>>>w = wordcloud.WordCloud()
>>>w.generate(s)
>>>w.to_file('report.png')
```

上述代码生成的词云如图 6-9 所示。

实际上，生成词云只需要一行语句，即上述代码中的第 3 行语句：w = wordcloud.WordCloud()。wordcloud 默认以空格、制表符或标点为分隔符对文本做分词处理。对于中文文本，分词处理需要由用户来完成。生成词云的过程中，wordcloud 把词云当作一个对象，词云的文本、大小、颜色、字体和形状等都是可以调整的。

图 6-9　英文文本生成的词云

制作词云分为以下 3 步。

（1）使用 wordcloud 库的 WordCloud 类构造词云，并配置参数。

（2）使用 generate() 方法向词云中加载文本。

（3）使用 to_file() 方法输出词云文件。

wordcloud 库的核心是 WordCloud 类，所有的功能都封装在 WordCloud 类中。这里介绍 WordCloud 对象创建时的常用参数和常用方法，分别如表 6-3 和表 6-4 所示。

表 6-3　　　　　　　　　　　　　创建 WordCloud 对象时的常用参数

参数	描述
font_path	指定词云中使用的字体的路径，默认为 None。默认字体路径为 "C:\Windows\Fonts"。如指定字体为 Times New Roman 时使用 "times.ttf"，为楷体时使用 "simkai.ttf"
width	指定词云图的宽度，默认为 400 像素
height	指定词云图的高度，默认为 200 像素
prefer_horizontal	词语水平方向排版出现的频率，默认为 0.9
mask	词云形状，默认为 None。如果不是 None，在绘制文字的地方给出二进制掩码，此时宽度和高度将被忽略，而使用 mask 的形状进行替代，白色部分默认被遮盖，其他非白色的部分可以被绘制，需要使用 imread() 函数读取图像
max_words	词云中要显示的最大单词数，默认为 200
min_font_size	词云中最小字体的字号，默认为 4 号
stopwords	指定词云中被排除的词，即不显示的单词列表
background_color	词云背景色，默认为黑色（black）
max_font_size	词云中最大字体的字号，默认为 None，根据高度自动调节

续表

参数	描述
font_step	字体步进间距，默认为 1
include_numbers	是否将数字视为单词，默认为 False
min_word_length	最短单词的长度，默认为 0
relative_scaling	相对缩放，默认为 auto，取值为 0.5，表示字体大小与词频的相关性。取 0 只考虑频次顺序，取 1 时字体大小与频次完全成比例

表 6-4　　　　　　　　　　　　创建 WordCloud 对象时的常用方法

方法	描述
generate(文本)	根据文本生成词云
to_file(文件名)	将词云图保存为名为"文件名"的文件

6.4.3 wordcloud 库应用

微课堂

wordcloud 库应用

下面以 2023 年政府工作报告的内容为例，展示一些基本参数和方法的使用。在制作词云中，需要两个素材：五角星图标，文件名为"fivestar.png"，如图 6-10 所示，以及 2023 年政府工作报告内容文本，文件名为"2023 政府工作报告.txt"。

示例代码如下：

```
1  import wordcloud
2  import jieba
3  from imageio import imread          #导入 imread()以读取图片
4  m = imread('fivestar.png')          #读取图片并存入 m
5  with open('2023政府工作报告.txt', 'r', encoding = 'utf-8') as f:
6      txt = f.read()
7  words = jieba.lcut(txt)             #中文文本需要先分词
8  txt = ' '.join(words)               #用空格将所有中文词分隔开
9  w = wordcloud.WordCloud(
10     font_path = 'SIMLI.TTF',        #设置中文字体为隶书
11     mask = m,                       #设置词云形状为图形中非白色部分
12     background_color = 'white',     #设置背景色为白色
13     min_word_length = 2,            #过滤符号和单个字符的词
14     max_words = 50)                 #最多显示 50 个词
15 w.generate(txt)
16 w.to_file('report.png')
```

运行程序得到的词云如图 6-11 所示。如果不设置词云形状，即删除第 11 行代码，得到如图 6-8 所示的词云。

请读者修改 WordCloud 对象创建时的参数，掌握更多参数的功能。

图 6-10　五角星图标　　　　　　　图 6-11　2023 政府工作报告词云

6.5 应用实例

　　《三国演义》是中国古典长篇小说四大名著之一，由元末明初小说家罗贯中根据陈寿的《三国志》和裴松之的注解，以及民间有关三国的传说和文学作品，经过艺术加工创作而成的长篇章回体历史演义小说。该小说描述了从东汉末年到西晋初年之间百余年的历史风云，以描写战争为主，诉说了东汉末年的群雄割据混战和魏、蜀、吴三国之间的政治和军事斗争，反映了三国时期各类社会斗争与矛盾的转化，塑造了一群叱咤风云的三国英雄人物。全书人物众多，那么这些人物中谁的出场次数最多呢？下面按人物出场次数排序，将出场次数较多的人物以词云的方式直观、生动地展现出来。

　　因为小说为中文，需要分词后才能统计词以及词出现的频次，这就要用到 jieba 库。将分词后的结果以空格进行重新拼接，形成新的文本后再构建词云。实现代码如下：

```
 1  import wordcloud
 2  import jieba
 3  with open('三国演义.txt', 'r', encoding = 'utf-8') as f:
 4      txt = f.read()
 5  words = jieba.lcut(txt)   #中文文本需要先分词
 6  txt = ' '.join(words)   #用空格将所有中文词分隔开
 7  w = wordcloud.WordCloud(font_path = 'simsun.ttc',   #设置中文字体为宋体
 8      width = 1000, height = 600,  #设置宽和高
 9      background_color = 'white',#设置背景色为白色
10      min_word_length = 2)
11  w.generate(txt)
12  w.to_file('三国演义.jpg ')
```

生成的词云如图 6-12 所示。

图 6-12　根据《三国演义》生成的词云

　　仔细观察图 6-12，发现有两个问题，一是同一人物出现多次，如"孔明"和"孔明曰"指的是诸葛亮，"关公"和"云长"是关羽等；二是输出的词云中词汇很多，且有较多与人名无关的词。因此上述代码不能很好地达到预期。针对上述两个问题做如下修改：一是建立一个字典，字典中每个键值对的值为集合，存放主要人物对应的其他称呼，以方便扩充，然后在分词后的文本中将某个人物的所有称呼都用一个名字替换；二是建立一个集合，存放词云中显示的非人名的词，然后在生成词云的时候将其排除，并设置词云显示词的数量、字体大小与频次的相关性等参数。更改后代码如下：

```
1    import wordcloud
2    import jieba
3    with open('三国演义.txt', 'r', encoding = 'utf-8') as f:
4        txt = f.read()
5    words = jieba.lcut(txt)    #中文文本需要先分词
6    txt = ' '.join(words)    #用空格将所有中文词分隔开
7    names = {'曹操':{'孟德','曹孟德','曹贼','阿瞒'},
     '诸葛亮':{'孔明','孔明曰','卧龙','伏龙','武乡侯','诸葛孔明'},'刘备':{'玄德','玄德曰',
     '玄德公','刘皇叔','刘豫州','刘备曰'}, '关羽':{'关云长','云长','关公','关将军'}, '吕布':
     {'奉先'}, '张飞':{'翼德','张翼德'}, '赵云':{'子龙','赵子龙'}, '周瑜':{'公瑾','周郎'},
     '司马懿':{'仲达'}, '袁绍':{'本初','袁本初'}, '魏延':{'文长','魏文长'}, '孙权':{'仲谋'},
     '黄忠':{'汉升'}, '马超':{'孟起'}, '姜维':{'伯约'}}
8    excludes = {'引兵', '东吴', '大喜', '军士', '天下', '主公', '却说', '次日', '大喜',
     '商议', '不可', '汉中', '荆州', '左右', '丞相', '将军', '魏兵', '不能', '军马', '于是',
     '二人', '今日', '都督', '陛下', '不敢', '后主', '众将', '人马', '只见', '何不', '天子',
     '如此', '如何', '先主', '蜀兵', '不知', '此人', '一人', '城中', '然后', '先生', '夫人',
     '何故', '原来'}
9    for k, v in names.items():
10       for name in v:
11           txt = txt.replace(name, k)    #将人物别称统一表示
12   w = wordcloud.WordCloud(
13       font_path = 'simsun.ttc',
14       width = 1000, height = 600,
15       background_color = 'white',
16       min_word_length = 2,
17       max_words = 15,
18       relative_scaling = 0.8,
19       stopwords = excludes)
20   w.generate(txt)
21   w.to_file('三国演义.jpg')
```

运行上述代码，得到如图 6-13 所示的词云。

图 6-13　修改后的《三国演义》词云

本章习题

一、选择题

1. 下面关于文件的说法，错误的是（　　　）。

    A. Python 能够以文本和二进制两种方式处理文件

    B. Python 通过内置的 open()函数打开一个文件

    C. 当文件以文本方式打开时，读写按照字节流的方式进行

    D. 文件使用结束后要用 close()方法关闭，释放文件的使用权限

2. 以下选项中，不是 Python 对文件的读操作方法的是（　　）。

    A．read()　　　　　B．readline()　　　　C．readlines()　　　　D．readtext()

3. 关于 Python 文件打开模式的描述，以下选项中错误的是（　　）。

    A．文本只读模式 rt　　　　　　　　B．文本覆盖写模式 w

    C．二进制追加写模式 ab　　　　　　D．二进制创建写模式 nb

4. 关于 Python 文件的"+"打开模式，以下选项中描述正确的是（　　）。

    A．只读模式

    B．覆盖写模式

    C．追加写模式

    D．与 r/w/a/x 一同使用，在原功能基础上增加同时读写功能

5. 连续两次调用 write() 方法，以下选项中描述正确的是（　　）。

    A．连续写入的数据之间默认采用空格分隔

    B．连续写入的数据之间默认采用逗号分隔

    C．连续写入的数据之间默认采用换行分隔

    D．连续写入的数据之间无分隔

6. 关于 open() 函数的文件名，以下选项中描述错误的是（　　）。

    A．文件名可以是绝对路径

    B．文件名可以是相对路径

    C．文件名对应的文件可以不存在，打开时不会报错

    D．文件名不能是一个目录

7. 使用 open() 函数打开 d 盘 Python 文件夹中的文件，以下选项中对路径的表示有误的是（　　）。

    A．d:\\python\\a1.txt　　　　　　　B．d:\python\b1.txt

    C．d:/python/c1.txt　　　　　　　　D．d://python//d.txt

8. 如果在 Python 程序中包括零除运算，解释器在运行时将抛出（　　）异常。

    A．NameError　　　　　　　　　　B．FileNotFoundError

    C．SyntaxError　　　　　　　　　　D．ZeroDivisionError

9. 执行表达式 56+'abc'，解释器将抛出（　　）异常。

    A．NameError　　　　B．IndexError　　　　C．SyntaxError　　　　D．TypeError

10. 以下关于异常处理 try 语句块的说法，不正确的是（　　）。

    A．finally 语句中的代码段始终要保证被执行

    B．一个 try 语句块后接一个或多个 except 语句块

    C．一个 try 语句块后接一个或多个 finally 语句块

    D．try 语句块必须与 except 或 finally 语句块一起使用

11. WordCloud 对象创建的常用参数 stopwords 的功能是（　　）。

    A．被排除词列表，排除词不在词云中显示

    B．词云中最大词数

    C．词云中最大的字体字号

    D．字号步进间隔

二、填空题

1. 按照数据的组织形式，可以把文件分为＿＿＿＿和＿＿＿＿两大类。

2. Python 内置函数 open() 的参数_____用来指定打开文件时所使用的编码格式。

3. 获取当前工作目录的函数是_____。

4. 文本文件的创建写并可读的打开模式为_____。

5. 移动文件指针的方法为_____。

6. Python 的异常处理机制中，通过_____语句来定义代码块，以运行可能抛出异常的代码；通过_____语句可以捕获特定的异常并执行相应的处理；通过_____语句可以保证即使产生异常，也可以在事后清理资源等。

7. 词云库中，指定词云形状的参数为_____。

三、上机操作题

1. 新建一个文本文件，输入相应的英文文本，统计文件中每个英文单词出现的次数，并将每个单词以及出现的次数写入文本文件末尾，要求每个单词及出现次数单独占一行。

2. 输入两个整数，求两个整数的商。要求使用异常处理机制，避免程序出现错误，直到能够输出正确的商为止。

3. 从网络上下载"党的二十大报告"全文，使用 wordcloud 库创建词云，快速领会"党的二十大报告"主旨。

第 7 章

正则表达式

在操作字符串的过程中,经常涉及查找符合某些复杂规则字符串的需求。正则表达式(regular expression)就是用于描述这些规则的模式,它提供了功能强大、灵活、高效的方式来处理字符串。正则表达式使用预定义的模式去匹配一类具有共同特征的字符串,可以快速、准确地找到特定字符模式,提取、编辑、替换或删除相应子字符串。本章主要介绍正则表达式的语法,以及讲解如何使用Python 提供的 re 模块来实现正则表达式的相关操作。

本章学习目标如下。

• 掌握正则表达式的基本语法,理解子模式扩展语法。

• 能够熟练运用正则表达式的 re 模块实现字符串的匹配、替换和分割。

• 理解正则表达式对象,能够使用正则表达式对象的方法完成字符串操作。

• 掌握 Match 对象的属性与方法。

7.1 正则表达式的基本语法

正则表达式是由普通字符（如大、小写英文字母，数字，标点符号，空格，汉字等）及元字符通过组合形成的字符序列模式。元字符包含预定义字符、边界匹配符、重复限定符等几种类型。通过巧妙地构造正则表达式，可以匹配任意字符串，完成查找、替换等复杂的字符串处理任务。示例如下。

'go+dness'可以匹配'goodness'、'gooodness'、'goooodness'等字符串，"+"表示匹配位于"+"之前的字符的 1 次或多次出现。

'al*ow'可以匹配'aow'、'alow'、'allow'等字符串，"*"表示匹配位于"*"之前的字符的 0 次或多次出现。

'favou?r'可以匹配'favor'或者'favour'，"?"表示匹配位于"?"之前的字符的 0 次或 1 次出现。

7.1.1 预定义字符

在使用正则表达式时经常用到一些特定字符，如英文字母、数字等。正则表达式语法中包含若干预定义字符，常用的预定义字符如表 7-1 所示。

表 7-1 常用的预定义字符

预定义字符	描述
.	用于匹配除换行符（\n）之外的任意字符，想要匹配"."字符本身，需使用"\."
\d	表示 0～9 的 10 个数字字符集，等价于[0-9]，用于匹配数字字符
\D	与"\d"相反，表示非数字字符集，等价于[^0-9]，用于匹配非数字字符
\f	用于匹配换页符
\t	用于匹配制表符
\n	用于匹配换行符
\r	用于匹配回车符
\v	用于匹配垂直制表符
\s	表示空白字符集，等价于[\f\t\n\r\v]，用于匹配空白字符，包括空格、制表符、换页符等
\S	与"\s"相反，表示单个非空白字符集，等价于[^ \f\t\n\r\v]，用于匹配非空白字符
\w	表示单词字符集，等价于[a-zA-Z0-9_]，用于匹配单词字符，不含空格
\W	与"\w"相反，表示非单词字符集，等价于[^a-zA-Z0-9_]，用于匹配非单词字符

7.1.2 边界匹配符

字符串匹配往往涉及从某个具体位置开始匹配，如行开头、行结尾、单词开头、单词结尾等。边界匹配符用于表示具体的匹配位置。正则表达式语法中常用的边界匹配符如表 7-2 所示。

表 7-2 常用的边界匹配符

边界匹配符	描述
^	行开头，匹配以"^"后面字符序列为开头的行首，匹配"^"字符本身，需使用"\^"
$	行结尾，匹配以"$"前面字符序列为结束的行尾，匹配"$"字符本身，需使用"\$"
\b	单词边界，匹配单词的开头或结尾，单词分界符通常是空格、标点符号或换行
\B	与"\b"相反，表示非单词边界
\A	字符串开头（与"^"的区别为："\A"只匹配整个字符串的开头，而"^"匹配每一行的开头）
\Z	字符串结尾（不包含结尾终止符）（与"$"的区别为："\Z"只匹配整个字符串的结尾，而"$"匹配每一行的结尾）

元字符是一些具有特殊含义的字符。若要匹配元字符本身，必须先将元字符"转义"，即通过在元字符前添加反斜线"\"的方法实现转义，使之失去特殊含义成为普通字符。例如，要匹配"."字符本身，需使用"\."。

如果以"\"开头的元字符与转义字符相同，则需要使用"\\"，或者在字符串前面加上字符"r"使之成为原始字符串。例如，在正则表达式中"\b"表示单词边界，而在字符串中是"\b"转义字符，表示退格。因此在正则表达式中，如果要表达单词边界，需要在字符串中使用"\\b"，或者在字符串前加字符"r"。对于只有一行的字符串，行开头和字符串开头是一致的，行结尾和字符串结尾也是一致的。因此，对于什么时候使用行开头和行结尾、什么时候使用字符串开头和字符串结尾，要根据实际情况决定。在很多情况下，两者都能解决相应问题。在下文的描述中，我们没有刻意对两者进行区别，这一点请读者注意。

7.1.3 重复限定符

字符串匹配过程中经常要求特定字符多次重复出现，例如，银行卡密码由 6 位数字字符组成，使用重复限定符"\d{6}"可表示数字字符重复 6 次。正则表达式语法中常用的重复限定符如表 7-3 所示。

表 7-3   常用的重复限定符

重复限定符	描述
?	匹配位于"?"之前的字符或子模式的 0 次或 1 次出现，即"?"之前的字符或子模式是可选的
*	匹配位于"*"之前的字符或子模式的 0 次或多次出现
+	匹配位于"+"之前的字符或子模式的 1 次或多次出现
{m}	匹配"{}"前面的字符或子模式的 m 次
{m,}	匹配"{}"前面的字符或子模式的至少 m 次
{m,n}	匹配"{}"前面的字符或子模式的至少 m 次，至多 n 次

7.1.4 其他元字符

除了预定义字符、边界匹配符和重复限定符之外，正则表达式语法中还提供了其他元字符，以实现更复杂的匹配。正则表达式语法中常用的其他元字符如表 7-4 所示。

表 7-4   常用的其他元字符

元字符	描述
|	匹配位于"|"之前或者之后的字符或子模式
()	标记一个子模式的开始和结束位置，即将位于（）内的字符作为一个整体看待
[]	匹配位于方括号内的任意一个字符
-	在方括号[]内，表示范围
[^]	^放在方括号内左侧，表示反向字符集，匹配不在方括号内的字符

7.1.5 正则表达式集锦

正则表达式语法博大精深，不太容易一下子全部记住。读者需要在理解基本语法的基础上，掌握一些常用写法，然后在应用中不断深入理解。下面先给出一些简单的匹配例子，然后对一些常用的字符匹配需求进行总结。

（1）'[bfs]lack'可以匹配'black'、'flack'、'slack'。

（2）'[a-zA-Z0-9]'可以匹配任意一个英文字母或数字。

（3）'[^a-zA-Z0-9]'可以匹配任意一个除英文字母和数字之外的字符。

（4）'Python|python'或者' (P|p)ython'都可以匹配'Python'或'python'。

（5）r'(http://)?(www\.)?baidu\.com'只能匹配'http://www.baidu.com'、'www.baidu.com'、'http://baidu.com'和'baidu.com'。

（6）'^https://www.jd.com'只能匹配以'https://www.jd.com'开头的字符串。

（7）'(bye)?'只能匹配空串或者'bye'。

（8）'(bye)*'可以匹配空串或者'bye'、'byebye'、'byebyebye'、……

（9）'(bye)+'可以匹配'bye'、'byebye'、'byebyebye'、……

（10）'(bye){2}'只能匹配'byebye'。

（11）'(bye){1,3}'只能匹配'bye'、'byebye'、'byebyebye'。

（12）'(x|y)*z'匹配字符串中多个（含 0 个）x 或多个（含 0 个）y、后面紧跟一个 z 的字符序列。

（13）'^[a-zA-Z]{1}([a-zA-Z0-9-]){9,19}$'匹配字符串中以英文字母为开头，由英文字母、数字、或短横线构成的长度为 10～20 的行字符串。注意，"^"表示每行的开头，与"\A"表示字符串的开头不同。

（14）'\A(\w){6,}\Z'匹配长度至少为 6 的由英文字母、数字和下划线构成的字符串。

（15）'\\bof\\b'或者 r'\bof\b'匹配字符串中的所有"of"单词。

在（15）中，如果只需匹配单词"of"，则不能用'\sof\s'，请读者思考原因，并深刻领会边界匹配符的使用方法。

下面对于一些常用需求，分类构造如下正则表达式。

1. 匹配数字的正则表达式

◆ 任意长度（含长度为 0）的数字字符串：'^[0-9]*$'。

◆ n 位数字字符串：'\b\d{n}\b'。

◆ 至少 n 位的数字字符串：'\b\d{n,}\b'。

◆ n～m 位的数字字符串：'\b\d{n,m}\b'。

◆ 零和非零开头的数字字符串：'\b(0|[1-9][0-9]*)\b'。

◆ 数字字符串：'^\-?\d+(\.\d+)?$'。

◆ 非负整数：'^0?(\d*)$'。

◆ 非零的正整数：'^[1-9]\d*$'或'^\+?[1-9][0-9]*$'。

◆ 非零的负整数：'^_[1-9][0-9]*$'或'^-[1-9]\d*$'。

2. 匹配字符的正则表达式

◆ 全汉字字符串：'^[\u4e00-\u9fa5]+$'。

◆ 由英文字母和数字构成的字符串：'^[a-zA-Z0-9]+$'。

◆ 长度为 8～12 的字符串：'\A.{8,12}\Z'。

◆ 由大写英文字母构成的字符串：'^[A-Z]+$'。

◆ 由小写英文字母构成的字符串：'^[a-z]+$'。

◆ 由大、小写英文字母构成的字符串：'^[A-Za-z]+$'。

◆ 由英文字母、数字和下划线构成的字符串：'^\w+$'。

3. 匹配特殊需求的正则表达式

◆ 电子邮件：'^\w+@(\w+\.)+\w+$'。这里假设电子邮箱地址中除了"@"之外只能使用英文字母、数字和下划线。

- URL：'^https?://([\w-]+\.)+[\w-]+(/[\w\-\.?%&=#]*)*$'。
- 国内电话号码：'^0\d{2,3}-[1-9][0-9]{6,7}$'。
- 18 位身份证号码：'^\d{17}[\dX]$ '。
- 日期字符串：'^\d{4}[-/]\d{1,2}[-\]\d{1,2}$'。
- IP 地址：'^((2[0-4]\d|25[0-5]|[01]?\d\d?)\.){3}(2[0-4]\d|25[0-5]|[01]?\d\d?)$ '。

在使用正则表达式时需要注意的是，正则表达式只进行形式上的检查，并不保证内容一定是正确的。例如，正则表达式'^0\d{2,3}-[1-9][0-9]{6,7}$'可以检查字符串是否为国内电话号码，字符串'001-1000000'能通过检查，但实际上并不是有效的电话号码。同理，正则表达式'^\d{4}[-/]\d{1,2}[-\]\d{1,2}$'也只能检查字符串是否为日期的格式，并不保证一定是合理的日期表达，如'2022-2-31'。

7.2 正则表达式模块 re

Python 标准库中提供了 re 模块用于实现正则表达式的操作。在实现时，既可以直接使用 re 模块中的函数处理字符串，也可以先使用 re 模块的 compile()函数将模式字符串编译成正则表达式对象，然后使用该正则表达式对象的方法来操作字符串。在使用 re 模块之前，要使用 import 语句将其导入。

7.2.1 匹配字符串

匹配字符串可以使用 re 模块提供的 match()、search()和 findall()等函数。

微课堂

匹配字符串

1. re.match()函数

re.match()函数尝试从字符串的起始位置进行匹配，如果在起始位置匹配成功，则返回 Match 对象，否则返回 None。其语法格式如下：

```
re.match(pattern, string, flags = 0)
```

其中，参数 pattern 表示模式字符串，由要匹配的正则表达式转换而来；参数 string 表示要匹配的字符串；参数 flags 表示标记，用于控制字符串的匹配方式，例如，英文字母是否区分大、小写等，默认值为 0，表示不进行特殊指定。re 模块中常用的标记值如表 7-5 所示。

表 7-5   re 模块中常用的标记值

标记值	说明
A 或 ASCII	对于\w、\W、\b、\B、\d、\D、\s、\S，只匹配 ASCII 字符
I 或 IGNORECASE	匹配时忽略英文字母大、小写
M 或 MULTILINE	多行模式匹配，将"^"和"$"用于整个字符串的每一行
S 或 DOTALL	使用"."字符匹配所有字符，包括换行符
X 或 VERBOSE	忽略模式字符串中未转义的空格和注释

下面的代码为匹配字符串是否以"Ab"开头。

```
>>>import re
>>>pattern = 'Ab\w+'
>>>string = 'absolute'
>>>m = re.match(pattern, string)
>>>print(m)    #因为 string 以大写字母开头，匹配不成功
None
>>>m = re.match(pattern, string, flags = re.I)    #忽略大小写后匹配成功
>>>print(m)    #Match 对象用 span()方法返回匹配开始和结束位置的元组
<re.Match object; span = (0, 8), match = 'absolute'>
```

```
>>>m.span()
(0, 8)
```

从运行结果来看，字符串"absolute"以"ab"开头，在不区分英文字母大、小写的时候，正则表达式'Ab\w+'无法实现匹配，返回"None"。当指定匹配方式为不区分英文字母大、小写时，则匹配成功，返回 Match 对象。有关 Match 对象的相关内容，将在 7.5 节详细介绍。

2. re.search()函数

re.search()函数用于在整个字符串中查找模式的匹配字符串，只要找到第一个和模式相匹配的字符串就立即返回一个 Match 对象，如果没有与模式相匹配的字符串，则返回 None。其语法形式如下：

```
re.search(pattern, string, flags = 0)
```

re.search()函数中参数的含义与 re.match()函数中的一致。需要注意的是，在 re.search()函数中，若 string 中存在多个与 pattern 匹配的子串，只返回第一个。示例如下：

```
>>>import re
>>>pattern = 'Ab\w+'
>>>string = 'absolute,Absolute,Absolutely'
>>>m = re.search(pattern, string)
>>>print(m)
<re.Match object; span=(9, 17), match='Absolute'>
>>>m = re.search(pattern, string, flags = re.I)
>>>print(m)
<re.Match object; span=(0, 8), match='absolute'>
```

从上述运行结果中可以看出，re.search()函数不仅可以在字符串开头处搜索，对其他位置也可以进行搜索。

3. re.findall()函数

re.findall()函数用以在整个字符串中搜索所有匹配正则表达式的子串，且以列表的形式返回所有匹配结果。如果没有找到匹配的子串，则返回空列表。其语法形式如下：

```
re.findall(pattern, string, flags = 0)
```

re.findall()函数中参数的含义与 re.match()函数中的一致。当 pattern 中包含分组时，返回组的列表。需要注意的是，re.match()和 re.search()只匹配一次，而 re.findall()匹配所有符合的子串。示例如下：

```
>>>import re
>>>pattern = 'win?d\w*'
>>>string = 'My journey is long and winding, I will keep on exploring my way far and wide.'
>>>re.findall(pattern, string)
['winding', 'wide']
>>>pattern = 'Win?d\w*'
>>>re.findall(pattern, string)
[]
```

从上述运行结果中可以看出，re.findall()函数找出了所有与模式匹配的子串，并且按照顺序以列表的形式返回结果。当没有相匹配的子串时，返回了空列表。

7.2.2 替换字符串

re 模块提供了 sub()函数和 subn()函数用于实现字符串替换。这两个函数语法形式类似，分别为：

```
re.sub(pattern, repl, string, count = 0, flags = 0)
re.subn(pattern, repl, string, count = 0, flags = 0)
```

其中，参数 pattern 和 flags 的含义与 re.match()函数中的相同；参数 repl 表示要替换的字符串；参数 string 为被匹配和替换的原始字符串；参数 count 表示模

微课堂

替换字符串

式匹配后替换的最大次数，默认值为 0，表示替换所有匹配。

两者的区别在于，sub()函数返回替换后的新字符串，subn()返回一个 2 个元素的元组，这 2 个元素分别为替换后的新字符串和替换次数。示例如下：

```
>>>import re
>>>pattern = 'was'
>>>string = 'Knowledge was a measure, but practise was the key to it.'
>>>result = re.sub(pattern, 'is', string)
>>>print(result)
Knowledge is a measure, but practise is the key to it.
>>>result = re.subn(pattern, 'is', string)
>>>print(result)
('Knowledge is a measure, but practise is the key to it.', 2)
```

从上述代码的运行结果来看，sub()函数返回了替换后的新字符串，而 subn()函数返回的是既包含新字符串也包含替换次数的元组。

7.2.3 分割字符串

re 模块提供了 split()函数来实现根据正则表达式分割字符串，且以列表的形式返回分割后的子串。其作用与字符串对象的 split()方法类似，区别在于 re.split()函数的分隔符由模式字符串指定，可以同时实现按多个分隔符进行分割。re.split()函数的语法形式如下：

微课堂

分割字符串

```
re.split(pattern, string, maxsplit = 0, flags = 0)
```

其中，参数 pattern、string 和 flags 的含义与 re.match()函数中的相同；参数 maxsplit 表示最大拆分次数，默认值为 0，表示分割所有。示例如下：

```
>>>import re
>>>string = 'My journey is long and winding, I will keep on exploring my way far and wide.'
>>>pattern = '\W+'
>>>re.split(pattern, string)
['My', 'journey', 'is', 'long', 'and', 'winding', 'I', 'will', 'keep', 'on',
'exploring', 'my', 'way', 'far', 'and', 'wide', '']
>>>re.split(pattern, string, 3)
['My', 'journey', 'is', 'long and winding, I will keep on exploring my way far and
wide.']
>>>re.split('\d|\W', 'ab1cde-2fghj3?')
['ab', 'cde', '', 'fghj', '', '']
```

从上述代码的运行结果中可以看出，通过正则表达式'\W+'可以把所有的非英文字母、数字和下划线当做分隔符进行字符串分割，其功能比字符串的 split()方法要强大得多。

7.3 正则表达式的扩展语法

正则表达式的基本语法中圆括号"()"表示子模式，对圆括号内的内容作为整体对待。在使用正则表达式的过程中，圆括号是一种很有用的工具，可以根据不同的目的来进行分组、选择和引用匹配。

7.3.1 分组、选择与向后引用

1. 分组

在正则表达式的基本语法中介绍了单个字符的重复方法，即直接在该字符后面加上"+"、"*"或"{n,

m}"等重复限定符。如果要重复多个字符，则需要使用圆括号将这些字符构成的子模式括起来形成分组，然后对整个组使用重复限定符即可。在 Python 中，分组就是用圆括号括起来的子模式，表示匹配内容的分组。从正则表达式的左边开始，遇到第一个左括号"（"表示该正则表达式的第一个分组，遇到第二个左括号表示该正则表达式的第二个分组，以此类推。正则表达式分组匹配后，想要获得已经匹配的分组内容，可以使用 group(number)和 groups()方法提取分组内容，number 表示组号。当组号为 0 时，表示整个正则表达式。示例如下：

```
>>>import re
>>>url = 'www.jxufe.edu.cn'
>>>pattern = 'www\.(.*)\..{3}\.(.*)'
>>>m = re.match(pattern, url)
>>>print(m.groups())
('jxufe', 'cn')
>>>print(m)
<re.Match object; span=(0, 16), match='www.jxufe.edu.cn'>
>>>print(m.group(0), m.group(1), m.group(2))
www.jxufe.edu.cn jxufe cn
>>>m = re.findall('www\.(.*)\..{3}\.(.*)', url)
>>>print(m)
[('jxufe', 'cn')]
```

上述代码中，pattern 有两个分组，分别匹配的子串为'jxufe'和'cn'。groups()函数值为一个元组，其值为所有分组匹配的子串。group(0)表示整个正则表达式匹配的字符串，即 pattern 匹配的字符串为'www.jxufe.edu.cn'， group(1)和 group(2)匹配的字符串为'jxufe'和'cn'。当使用 re.findall()函数进行匹配时，返回的是组的列表。

2. 选择

在正则表达式中"|"表示选择，用于在两个或多个子模式中选择其中的一个。比如'中国上海|中国广州'，表示"中国上海"或"中国广州"。在正则表达式中，选择操作符"|"的优先级最低。如果需要，可以通过圆括号来限制选择操作符的作用范围。如'中国(上海|广州)'，如果去掉圆括号，则表示"中国上海"和"广州"。

3. 向后引用

当用圆括号定义了一个正则表达式组后，正则表达式引擎会把匹配的组按照顺序编号，存入缓存。所谓向后引用，就是对前面出现的分组再一次进行引用。对已经匹配过的分组内容进行再次引用时，可以用"\数字"的方式或者通过命名分组"(?P=name)"的方式进行。"\1"表示引用第一个分组，"\2"表示引用第二个分组，以此类推。"\0"则表示引用整个被匹配的正则表达式本身。示例如下。

```
>>>import re
>>>string = 'Python is a very excellent language. Many tasks can be programmed in
python, so we need python.'
>>>pattern = r'\b(?P<name>\w+)\b.+\b(?P=name)\b.+\b\1\b'
>>>m = re.search(pattern, string, re.I)
>>>m.groups()
('Python',)
>>>m.group('name')
'Python'
>>>m.group()
'Python is a very excellent language. Many tasks can be programmed in python, so we
need python'
```

```
>>>m.group(0)
'Python is a very excellent language. Many tasks can be programmed in python, so we
need python'
```

pattern 中，"(?P=name)"表示通过命名分组进行向后引用，"\1"表示通过默认分组编号进行向后引用。

正则表达式提供了丰富的分组扩展语法，可以实现更加复杂的字符串处理功能。分组支持的常用扩展语法如表 7-6 所示。

表 7-6   分组支持的常用扩展语法

符号	描述
(?P<groupname>)	为子模式命名，即为组命名
(?iLmsux)	设置匹配标志，可以是几个字母的组合，每个字母含义与编译标志相同
(?:...)	匹配但不捕获该匹配的子串
(?P=groupname)	引用在此之间的命名为 groupname 的子模式
(?#...)	表示...为注释
(?<=...)	前置条件，如果 "<=" 后的子模式在字符串中出现则匹配，但不返回子模式对应的字符串。 如'(?<=pre)fit'匹配'prefit'中的'fit'，但不匹配'suffit'中的'fit'
(?<!...)	前置非条件，如果 "<!" 后的子模式在字符串中不出现则匹配，但不返回子模式对应的字符串。 如'(?<!pre)fit'不匹配'prefit'中的'fit'，但匹配'suffit'中的'fit'
(?=...)	后置条件，如果 "=" 后的子模式在字符串中出现则匹配，但不返回子模式对应的字符串。 如'live(?=ly)'匹配'lively'中的'live'，但不匹配'liveforever'中的'live'
(?!...)	后置非条件，如果 "!" 后的子模式在字符串中不出现则匹配，但不返回子模式对应的字符串。 如'live(?!ly)'不匹配'lively'中的'live'，但匹配'liveforever'中的'live'

7.3.2 正则表达式的贪婪匹配与懒惰匹配

当正则表达式中包含重复限定符时，重复限定符会导致正则表达式引擎尽可能多地重复前导字符，正则表达式的这种匹配算法称为贪婪匹配。默认情况下，Python 正则表达式采用贪婪匹配。例如，'x.*y'将匹配最长的以 x 为开始、y 为结尾的字符串。如果被匹配对象为'xxyzxy'，它默认会匹配整个字符串'xxyzxy'，而不是匹配'xxy'或者'xy'。

然而，有时候我们需要匹配尽可能少的字符，这就需要懒惰匹配。懒惰匹配是指重复限定符会导致正则表达式引擎尽可能少地重复前导字符。懒惰匹配的实现非常简单，在重复限定符后面加后缀 "?" 即可。正则表达式'x.*y'在理论上可以匹配任意数量的重复，如果在重复限定符 "*" 后面加上一个 "?"，则'x.*?y'将匹配字符串中最短的以 x 为开始、y 为结尾的字符串。如果把它应用于'xxyzxy'，它会匹配'xxy'（第 1 个~第 3 个字符）和'xy'（第 5 个~第 6 个字符）。匹配结果为什么不是最短的子串'xy'，而是'xxy'和'xy'呢？这是因为正则表达式有更优先的规则：最先开始的匹配拥有最高的优先权。示例如下：

```
>>>import re
>>>string = 'xxyzxy'
>>>p1 = 'x.*y'    #贪婪匹配
>>>p2 = 'x.*?y'   #懒惰匹配
>>>re.findall(p1, string)
['xxyzxy']
>>>re.findall(p2, string)
['xxy', 'xy']
```

表 7-3 为常用的重复限定符，在重复限定符后面加一个问号 "?"，即可得到表 7-7 所示的常用的懒惰限定符。

表 7-7   常用的懒惰限定符

懒惰限定符	描述
??	重复 0 次或 1 次，但尽可能少地重复
*?	重复任意次，但尽可能少地重复
+?	重复 1 次或更多次，但尽可能少地重复
{m,}?	重复至少 m 次，但尽可能少地重复
{m,n}?	重复 m~n 次，但尽可能少地重复

7.4 正则表达式对象

正则表达式 re 模块提供的 compile()函数，可以将正则表达式编译为正则表达式对象，然后通过正则表达式对象进行字符串处理。编译后的正则表达式对象不仅可以提高字符串的处理速度，还可以提供更加强大的字符串处理功能。compile()函数的语法形式如下：

```
p = re.compile(pattern, flags = 0)
```

其中，p 为编译后的正则表达式对象，pattern 为模式字符串，flags 为标记，两者的含义与 re.match()函数中的一致。

创建正则表达式之后，可以通过正则表达式对象调用 match()、search()和 findall()等方法来处理字符串，实现字符串的匹配、替换和分割等操作，以避免每次重复写模式字符串。

采用正则表达式对象对字符串进行操作与采用 re 模块的函数来操作，在功效上是等价的。以 search()为例，re.compile(pattern).search(string)与 re.compile(pattern, string)是等价的。

1. match()、search()、findall()方法

match()方法用于在字符串开头或者指定位置开始匹配，若在字符串开头或者指定位置包含正则表达式所要表示的子串，则匹配成功返回 Match 对象，否则返回 None。其语法形式如下：

```
p.match(string, pos = 0, endpos = 9223372036854775807)
```

其中，p 表示正则表达式对象，string 表示要匹配的字符串，pos 表示匹配起始位置，endpos 表示匹配终点位置。

search()方法的语法形式如下：

```
p.search(string, pos = 0, endpos = 9223372036854775807)
```

search()方法用于在整个字符串或指定范围内进行匹配，若 string 中包含正则表达式所要表示的子串，则返回 Match 对象，否则返回 None。若 string 中包含多个与正则表达式匹配的子串，只返回第一个。

findall()方法的语法形式如下：

```
p.findall(string, pos = 0, endpos = 9223372036854775807)
```

findall()方法用于在整个字符串或指定范围内进行匹配，找出 string 中所有与正则表达式匹配的子串，并以列表的形式返回。示例如下：

```
>>>import re
>>>string = 'A contented mind is the greatest blessing a man can enjoy in this world.'
>>>p1 = re.compile(r'\bc\w+\b')   #以 c 为开头的单词
>>>p1.findall(string)
['contented', 'can']
>>>p2 = re.compile(r'\b\w+d\b')
>>>p2.findall(string)
['contented', 'mind', 'world']
```

```
>>>p3 = re.compile(r'\b\w{4,6}\b')    #查找长度为 4~6 个字符的单词
>>>p3.findall(string)
['mind', 'enjoy', 'this', 'world']
>>>p1.match(string)  #从开始处匹配，没有匹配成功
>>>p3.match(string,12)  #从第 12 个字符处匹配
<re.Match object; span=(12, 16), match='mind'>
>>>p2.search(string,4)  #从第 4 个字符处开始匹配
<re.Match object; span=(12, 16), match='mind'>
>>>re.compile(r'\b\w+i\w+\b').findall(string)  #查找含有字母 i 的单词
['mind', 'blessing', 'this']
```

2. sub()、subn()方法

正则表达式对象的 sub(repl, string, count = 0)和 subn(repl, string, count = 0)方法分别与 re 模块的 sub()和 subn()函数功能类似，用来实现字符串替换功能。示例如下：

```
>>>import re
>>>string = '''Your efforts will not necessarily succeed, but you don't work hard
will fail. Never give up, there is no failure, only to give up.'''
>>>p = re.compile(r'\bn\w+\b', re.I)   #匹配以 n 或 N 开头的单词
>>>p.sub('*', string)   #将匹配的单词替换为*
"Your efforts will * * succeed, but you don't work hard will fail. * give up, there
is * failure, only to give up."
>>>p.sub(lambda x:x.group(0).upper(), string)#将所有匹配都改成大写
"Your efforts will NOT NECESSARILY succeed, but you don't work hard will fail. NEVER
give up, there is NO failure, only to give up."
>>>p.sub(lambda x:x.group(0).lower(), string,2)#将前 2 项匹配都改成小写
"Your efforts will not necessarily succeed, but you don't work hard will fail. Never
give up, there is no failure, only to give up."
>>>p.sub('#', string,2)#将前 2 项匹配都改成#
"Your efforts will # # succeed, but you don't work hard will fail. Never give up,
there is no failure, only to give up."
>>>p.subn(lambda x:x.group(0).upper(), string)    #返回匹配后的结果和匹配次数
("Your efforts will NOT NECESSARILY succeed, but you don't work hard will fail. NEVER
give up, there is NO failure, only to give up.", 4)
```

3. split()方法

与 re.split()函数一样，正则表达式对象的 split()方法用来实现字符串分割。其语法形式如下：

```
p.split(string, maxsplit = 0)
```

其中，string 表示要匹配的字符串；maxsplit 表示最大分割次数，默认值为 0 表示分割所有。

```
>>>import re
>>>string = 'Monday,Tuesday\Wednesday/Thursday-Friday,Saturday|Sunday'
>>>p = re.compile(r'[,\\/\-\|]')   #指定多个分隔符
>>>p.split(string)
['Monday', 'Tuesday', 'Wednesday', 'Thursday', 'Friday', 'Saturday', 'Sunday']
>>>string = 'Monday1Tuesday2Wednesday3Thursday4Friday5Saturday6Sunday7'
>>>p = re.compile('\d')  #指定数字分隔符
>>>p.split(string, maxsplit = 6)
['Monday', 'Tuesday', 'Wednesday', 'Thursday', 'Friday', 'Saturday', 'Sunday7']
```

7.5 Match 对象

正则表达式 re 模块的 match()和 search()函数以及正则表达式对象的 match()和 search()方法匹配成

功后都会返回 Match 对象。Match 对象包含了很多关于此次匹配的信息，使用 Match 对象提供的属性或方法可以获取这些信息。

Match 对象的主要属性如下。

（1）string：匹配时使用的字符串。

（2）re：匹配时使用的正则表达式模式。

（3）pos：字符串中正则表达式开始搜索的索引。

（4）endpos：字符串中正则表达式结束搜索的索引。

（5）lastindex：最后一个被捕获的分组的字符串中的索引。如果没有捕获分组，值为 None。

（6）lastgroup：最后一个被捕获的分组别名。如果这个分组没有别名或者没有被捕获的分组，值为 None。

下面的代码演示了 Match 对象属性的用法。

```
>>>import re
>>>string = "People's Republic of China"
>>>m = re.search('china', string, re.I)
>>>m
<re.Match object; span=(21, 26), match='China'>
>>>m.string
"People's Republic of China"
>>>m.re
re.compile('china', re.IGNORECASE)
>>>m.pos
0
>>>m.endpos
26
>>>m = re.search('(china)', string, re.I)
>>>m.lastindex
1
>>>print(m.lastgroup)
None
```

Match 对象的主要方法如下。

（1）group([group1,group2,…])

参数中的方括号表示参数可省略，默认返回 group(0)。该方法获取捕获的一个或多个分组对应的字符串，当有多个参数时以元组的形式返回。group1、group2 等可以使用整数编号也可以使用别名，编号 0 代表匹配的整个子串。没有捕获字符串的分组时返回 None，若捕获了多次的分组，则返回最后一次捕获的子串。

（2）groups()

该方法以元组的方式返回全部捕获的字符串，没有捕获任何字符串的分组时返回 None，等价于 group(group1,group2,…)。

（3）groupdict()

该方法返回一个字典，字典的键为分组的组名，值为捕获的该组对应的字符串，没有指定组名的组不会出现在结果中。

（4）start(group = 0)

该方法返回指定组捕获的字符串的起始索引，即第一个字符在 string 中的索引，group 默认值为 0。

（5）end(group = 0)

该方法返回指定组捕获的字符串在 string 中的结束索引，即组中最后一个字符的索引加 1，group 默认值为 0。

（6）span(group = 0)

该方法返回指定组捕获的字符串在 string 中的起始索引和结束索引。

（7）expand(template)

该方法将匹配得到的分组代入 template 中并返回。template 中可以使用\number、\g<number>、\g<name>引用分组，但不能使用编号 0。

下面的代码演示了 Match 对象方法的用法。

```
>>>import re
>>>string = 'Life is short, you need python.'
>>>pattern = r'(\w+) (\w+) (\w+)'
>>>m = re.match(pattern, string)
>>>m.group(0)
'Life is short'
>>>m.group(1, 3)
('Life', 'short')
>>>m.group(2)
'is'
>>>m.group(4)    #分组不存在，出错
Traceback (most recent call last):
  File "<pyshell#22>", line 1, in <module>
    m.group(4)
IndexError: no such group
>>>m.groups()
('Life', 'is', 'short')
>>>m.groupdict()    #分组全部没有命名，结果为空
{}
>>>m.start(2)
5
>>>m.end(3)    #'short'中字符't'的索引加1
13
>>>m.span(1)
(0, 4)
>>>m.expand(r'\2\3\1')
'isshortLife'
>>>m.expand(r'\3\g<2>\1')
'shortisLife'
>>>string = 'China, Beijing'
>>>pattern = r'(?P<country>\w+), (?P<city>\w+)'
>>>m = re.match(pattern, string)
>>>m.group('country')
'China'
>>>m.groups()
('China', 'Beijing')
>>>m.groupdict()
{'country': 'China', 'city': 'Beijing'}
```

下面的代码演示了 Match 对象在子模式扩展语法中的用法。

```
>>>string = '''The Beijing 2022 Winter Olympics came to a triumphant close on Sunday,
but the fervor for ice and snow sports in the dual-Olympic city is only just beginning.'''
>>>pattern = re.compile(r'(?<=\w\s)the(?=\s\w)')
>>>pattern.search(string)
<re.Match object; span=(75, 78), match='the'>
>>>pattern = re.compile(r'(?<=\w\s)sunday', flags = re.I)
>>>pattern.search(string)
<re.Match object; span=(63, 69), match='Sunday'>
>>>pattern = re.compile(r'(?:\d*\s)Winter(\sOlympics)')    #不捕获分组(?:\d*\s)
>>>m = pattern.search(string)
>>>m.span()
(12, 32)
>>>m.group(0)
'2022 Winter Olympics'
>>>m.group(1)
' Olympics'

>>>pattern = re.compile(r'\b[oO]\w+\b')    #查找以 o 或 O 开头的单词
>>>i = 0
>>>while True:
        m = pattern.search(string, i)
        if not m:
            break
        print(m.group(0), ':', m.span())
        i = m.end()
Olympics : (24, 32)
on : (60, 62)
Olympic : (121, 128)
only : (137, 141)

>>>pattern = re.compile(r'(?<!but\s)the\b')    #前面没有 but 的 the
>>>i = 0
>>>while True:
        m = pattern.search(string,i)
        if not m:
            break
        print(m.group(0), ':', m.span())
        i = m.end()
the : (112, 115)
>>>string[108:118]    #验证结果发现无误
' in the du'

#匹配有连续相同字符的单词
>>>pattern = re.compile(r'(\b\w*(?P<c>\w)\w+)(?P=c)\w*\b)')
>>>i = 0
>>>while True:
        m = pattern.search(string, i)
        if not m:
            break
        print(m.group(0), ':', m.span())
        i = m.end()
```

```
2022 : (12, 16)
beginning : (147, 156)
```

7.6 应用实例

【**例 7-1**】许多中文名言警句都被翻译成了英文，下面给出 4 条中文名言警句以及对应的英文译文，用正则表达式筛选出文中的英文部分并输出。

程序代码如下：

```
1   #7-1.py
2   import re
3   string = '''天生我材必有用。
4   All things in their being are good for something.
5   失败乃成功之母。
6   Failure is the mother of success.
7   艰难困苦出能人。
8   Bad times make a good man.
9   精诚所至，金石为开。
10  Faith will move mountains.'''
11  pattern = r'[\w ]+[\.,;?-]+'  #构造正则表达式，后面的方括号内为标点
12  rs = re.findall(pattern, string)
13  for line in rs:
14      print(line)
```

运行结果：

```
All things in their being are good for something.
Failure is the mother of success.
Bad times make a good man.
Faith will move mountains.
```

【**例 7-2**】给定一段英文短文，用正则表达式统计短文中各单词出现的次数，并按频次从高到低排序输出。

程序代码如下：

```
1   #7-2.py
2   import re
3   string = ''' In the subsequent research, Chinese scientists dated the youngest
    rock on the moon at around 2 billion years in age, meaning that the period of lunar
    volcanism was between 800 and 900 million years longer than previously believed.'''
4   string = string.lower()
5   words = string.split()
6   newwords = [re.sub('\W','',w) for w in words]  #删除标点符号
7   dt = {w:newwords.count(w) for w in newword}  #通过生成式创建字典
8   result = sorted(dt.items(),key=lambda x:x[1],reverse=True)
9   print(result)
```

运行结果：

```
[('the', 4), ('in', 2), ('years', 2), ('subsequent', 1), ('research', 1), ('chinese',
1), ('scientists', 1), ('dated', 1), ('youngest', 1), ('rock', 1), ('on', 1), ('moon',
1), ('at', 1), ('around', 1), ('2', 1), ('billion', 1), ('age', 1), ('meaning', 1), ('that',
1), ('period', 1), ('of', 1), ('lunar', 1), ('volcanism', 1), ('was', 1), ('between',
1), ('800', 1), ('and', 1), ('900', 1), ('million', 1), ('longer', 1), ('than', 1),
('previously', 1), ('believed', 1)]
```

本章习题

一、选择题

1. 表达式 re.findall('\d{3,}', 'a12b345ccc56789')的值为（　　）。

    A. ['345']　　　　B. ['345', '56789']　　C. ['567898']　　　　D. []

2. 已知 x = 'a234b123c'，则表达式', '.join(re.split('\d+', x))的值为（　　）。

    A. 'a,b,c'　　　　B. 'a,b,c, '　　　　C. ' 234,123'　　D. '2,3,4,1,2,3'

3. 表达式 re.findall('abc{3}?', 'abccc ')的值为（　　）。

    A. ['ab ']　　　　B. ['abc ']　　　　C. ['abccc ']　　　D. ' ab '

4. 已知 x = 'a234bb123c45'，则表达式 ', '.join(re.findall('[a-z]', x))的值为（　　）。

    A. 'a,bb,c'　　　B. 'a,bb,c, '　　　C. 'a,b,b,c'　　　D. 'bb'

二、填空题

1. 语句 re.match('edu', 'jxufe.edu.cn')的执行结果是_____。

2. 语句 re.findall('to', 'Nice to meet you, too!')的执行结果是_____。

3. 中华人民共和国邮政编码由 6 位数字组成，使用重复限定符_____表示数字字母重复6 次。

4. 正则表达式引擎均支持不同的匹配模式，又称为匹配选项，其中_____使正则表达式对英文字母大、小写不敏感，_____开启多行模式。

5. 正则表达式使用_____来表示该符号前面的字符或子模式 0 次或多次出现。

6. 语句 re.sub('difficult', 'easy', 'It is difficult to learn programming')的执行结果为_____。

7. 语句 re.split('\d', 'x1y2z3')的执行结果为_____。

三、上机操作题

1. 编写程序，分别输入 3 个字符串，依次验证其是否是有效的身份证号码、国内电话号码或者 HTTP 网址。

2. 有一段英文文本，其中有一个单词连续重复了 2 次，编写程序检查重复的单词并只保留一个。例如，英文文本为"we are are the world!"，程序输出"we are the world!"

3. 编写程序，输入一段英文文本，输出这段文字中所有以字母 a 开头、长度为 5 的单词。

第 8 章

面向对象程序设计

现实世界存在的客观物体，可以归结为不同的"类"，如山、河、房子、飞机、火车、汽车、摩托车、自行车、人、动物、植物等。而每类事物可以分为一个个具体的对象，如庐山五老峰、辽宁号航空母舰、编号为 1501 的歼 16 战机、学号为 210219 的同学等，无数这些具体的对象组成了这个世界。每一个对象都有其自身的属性，如学生江峰，学号 210219，性别男，籍贯江西南昌等。除了这类静态属性，有些对象还具有动态属性，如辽宁号航空母舰具有可在海中航行、发出汽笛声、发射舰载导弹、派出舰载飞机等动态属性；而江峰同学具有行走、跑步、说话、听、闻、吃、睡等动态属性。计算机实现任务的第一步就是要用程序描述现实世界，用代码来表述现实世界，就需要对现实世界中的对象进行抽象，并反映到程序中。Python 作为一种面向对象的程序设计语言是支持这种抽象的，能够将现实世界中的对象抽象出来，并把对象的静态属性（数据）与动态属性（行为或方法）封装到一起，构成"类"。

本章首先将介绍面向对象编程的主要特点：抽象、封装、继承和多态。然后，围绕这 4 个特点介绍基于 Python 的面向对象编程。

本章学习目标如下。

- 了解面向对象程序设计的基本特点
- 掌握类的定义和成员函数、成员数据及对象的创建方法
- 理解构造函数和析构函数并能定义构造函数和析构函数
- 理解类成员的访问权限、类的组合、多态性和运算符重载
- 能够使用继承定义子类，理解继承和派生，实现子类的定义

8.1　面向对象程序设计的基本特点

面向对象程序设计的概念主要针对大型软件设计提出的，使软件设计更加灵活，能够很好地支持代码复用和设计复用，并且使代码具有更好的可读性和可扩展性。

微课堂

面向对象程序设计
的基本特点

面向对象程序设计的一条基本原则是将多个能够起到子程序作用的单元或对象组合成计算机程序，这样可以很大程度上降低软件开发的难度，使得编程就像搭积木一样简单。

面向对象程序设计的一个关键观念是将数据及对数据的操作封装在一起，组成相互依存、不可分割的整体，通过对相同类型的事物进行抽象，得出共同的特征并形成类，面向对象程序设计的关键就是如何合理地定义和组织这些类以及类之间的关系。

1．抽象

面向对象方法中的抽象，是对具体的事物及其静态、动态状态进行分析，抽象出这一类事物的共有属性，并加以描述。抽象的过程是对问题从分析到认知的过程。一般而言，抽象包括两个部分，一个是对数据进行抽象，获取静态属性；另一个是对行为或方法进行抽象，获取动态属性。

下面举两个实例来说明对事物的抽象。如果要对学生的简单情况进行登记，首先要对学生的共性进行抽象。如果只需要登记学生的简单信息，静态属性有 ID，Name，Age，Phone_Namber 等，分别表示学生的学号、姓名、年龄、电话号码等信息，这些数据只反映学生的静态信息。但学生是活的，不是山、房子等这类静止不动的物体，学生具有活动的能力，所以除了静态属性外，对学生还可以抽象出一些动态属性，如 run、walk、eat 等，分别表示学生的跑、走、吃等能力，用代码表示就是在动作后面加上圆括号，说明这些动态属性是函数，这些函数是对学生行为的体现。

再如，研究电子手表，首先要抽象电子手表的共性，电子手表能记录时间，表示时间需要小时、分钟、秒这 3 个值，所以电子手表的静态属性有 hour、minute、second，分别表示小时、分钟、秒。电子手表除了能记录小时、分钟、秒外，还能立刻显示当前时间，当显示时间不正确时还具有调整时间的功能，于是电子手表就具有了动态属性，如 showTime()、setTime()等。

一个事物能够抽象出来的静态属性和动态属性有许多，但一个任务往往并不需要全部的属性，所以我们要根据任务来选择属性。同一个事物的任务不同，往往选择的属性也不同。

Python 完全采用了面向对象程序设计的思想，是真正面向对象的高级动态编程语言，完全支持面向对象的基本功能，如封装、继承、多态等。

2．封装

封装是将抽象得到的静态属性（数据）和动态属性（行为或方法）相结合，形成整体。从代码上来说，就是将数据与对数据处理的函数结合起来，形成"类"，而数据和对数据处理的函数则为类的成员，分别称为类的成员数据和成员函数。一般情况下，类外的代码不能直接访问类中的成员数据。如果类外的代码要访问类中的成员数据，一般只能通过类的成员函数，也就是说类的成员函数是类与类外代码联系的接口。

这种将数据与行为或方法封装为一个可重用的代码块，能有效地降低代码复杂度。

3．继承

现实世界中的事物类具有特殊与一般的关系。例如，动物类具有名称、年龄、体重等属性（静态属性），并且具有吃、排泄等行为（动态属性）。动物按生活环境可以分为陆生动物类、水生动物类和两栖动物类。陆生动物类具有在陆地生活的特性，大多数都能呼吸空气，如狮子、松鼠、老鼠等都是陆生动物。狮子是肉食性动物，具有体型大、攻击性强、奔跑速度快等特点。松鼠常在树上活动，个头小，是草食性动物。老鼠是杂食性动物，个头小，钻洞能力强。动物类、陆生动物类与狮子类、松鼠类、老鼠类就属于一般与特殊的关系，狮子类、松鼠类、老鼠类继承了陆生动物类的特性，但又有各自的特性。陆生动物类继承了动物类的特性，但又具有能呼吸空气等特性。

继承就是解决一般与特殊的关系，描述特殊类之间的一些共享的共性。Python 提供了类的继承机制，允许程序员在保持原有类特性的基础上，派生出新的属性与行为。

4. 多态

多态与现实生活中人类的思维方式很类似，如生活中我们常说的"驾驶"，驾驶是一个行为，但对于不同的事物，驾驶的行为和规则是完全不一样的，如"驾驶小汽车""驾驶直升机""驾驶坦克"等，都是驾驶行为，但操作步骤完全不同。

广义上来说，多态性是一段程序能够处理多种类型对象的能力。Python 程序中，它表示不同类型的对象接收同样的消息时出现了不同的行为，即同样的运算被不同的对象调用时，将产生不一样的行为。

8.2 类与对象

面向过程的程序设计是一种以过程为中心的编程思想。C 语言是一种基于面向过程编程思想的程序语言，其编程过程会将一个任务根据功能划分为若干个基本模块，形成一个树状结构，各模块间的关系要尽可能简单，功能上相对独立，然后用函数实现这些基本模块，最后通过调用这些函数来完成任务。而面向对象的编程思想是将事物抽象为类，以类为程序模块，这样程序模块的独立性、数据的安全性就有良好的保障。类是面向对象程序设计方法的核心，利用类可以实现对数据的封装和隐藏。

微课堂

类与对象

8.2.1 类的定义

Python 中，可以使用 class 关键字定义类，然后通过定义的类创建实例对象。定义类的语法形式如下：

```
class 类名:
    '''类说明'''
    类体
```

类名的首字母一般为大写，类名的命名风格在整个系统中最好统一，这对于团队合作开发的系统十分重要。类体就是类的内部实现，类的实现语句必须统一为左侧留有空格并靠左对齐。定义一个类，可以理解为在程序中增加了一个新的特殊数据类型。

定义一个类的时候，会创建一个新的局部作用域，所有对局部变量的赋值都被引入局部作用域中，成员函数的定义则是将函数名绑定于此。示例如下：

```
class Circle:
    '''圆类'''
    pass
```

上面的代码创建了一个 Circle 类，类实现中只有一条 pass 语句。pass 语句类似于空语句，也就是在这个 Circle 类体实现中不做任何操作。示例如下：

```
class Point:
    '''点类'''
    print("This is a point")
```

上面的代码创建了一个 Point 类，类体中有一个 print() 输出命令。

8.2.2 对象

我们可以把一个类理解为一个特殊的数据类型。整数（int）、浮点数（float）等是 Python 的基础数据类型，程序中可以通过赋值来创建相应类型的变量，用来存储数据。与基础数据类型一样，如果定义了一个类，则可以创建这个类的变量，这个变量称为该类的对象，创建对象的过程称为类的实例化。如果说变量是基础数据类型的实例，则对象就是类的实例。

创建对象（类的实例）的语法形式如下：

```
对象名 = 类名()
```

下面的代码创建并使用了一个 Circle 类：

```
1   class Circle:
2       '''圆类'''
3       pass
4   c = Circle()
```

第 4 行代码创建了一个名为 c 的 Circle 对象。由于 Circle 类体中只有注释语句和一个空语句 pass，因此 Circle 类体实现中没有任何操作，这样其创建的对象 c 的内容也为空。

```
1   class Point:
2       '''点类'''
3       print("This is a point")
4   p1 = Point()
5   p2 = Point()
```

运行结果：

```
This is a point
```

上面的代码创建了一个 Point 类，并在第 4、5 行创建了 2 个 Point 类的对象 p1 和 p2。程序从第 1 行代码开始执行，首先运行的是 Point 类的声明，程序进入 Point 类的类体，执行第 3 行 print("This is a point")，在终端输出了 "This is a point"。然后依次执行第 4 行、第 5 行，实例化 Point 类，创建了 p1 和 p2 对象，p1、p2 都是空对象。所以终端输出 "This is a point" 并不是指 p1、p2 对象内含 print 语句并执行了，而是程序在扫描 Point 类定义的时候执行了 print() 输出语句。

8.2.3 | 类的成员函数

类的第一个特性就是将客观事物的静态属性（数据）和动态属性（行为或方法）提取出来，并组合为一个不可分割的整体，实现面向对象程序设计的基础。

微课堂

类的成员函数

1. 成员函数的实现

类的成员函数就是客观事物的动态属性，语法形式如下：

```
def  函数名( self, [参数列表])
    函数体
    [return  表达式]
```

成员函数的定义与普通函数定义的语法形式类似，区别是成员函数的参数列表前面多了一个 self 参数。如果是无参成员函数，则在定义成员函数时参数列表为空，但 self 仍然保留。

【例 8-1】成员函数定义举例。

程序代码如下：

```
1   class Point:
2       def m_print(self):
3           print("This is a point")
4   p1 = Point()
5   p2 = Point()
```

第 1 行代码，创建了一个 Point 类，并在 Point 类中定义了一个函数 m_print()。第 4 行和第 5 行代码分别创建了 Point 类的对象 p1 和 p2。执行上面代码，不会输出任何字符。

类中只是定义了成员函数，而执行成员函数则要靠类的实例（对象）来调用，调用成员函数的语法格式为：

对象名.成员函数名(参数列表)

如果要调用【例 8-1】中定义的成员函数 m_print()，可以使用下面的语句：

```
>>>p1.m_print()
This is a point
>>>p2.m_print()
This is a point
```

在定义类成员函数时，如果需要在该成员函数中调用类的另外一个成员函数，其语法形式为：

self.成员函数名(参数列表)

【例 8-2】成员函数调用举例。

程序代码如下：

```
1  class Point:
2      def m_print(self):
3          print("This is a point")
4      def m_fun(self):
5          self.m_print()    #调用其他成员函数
6          print("Test")
7  p1 = Point()
8  p2 = Point()
9  p1.m_print()
10 p2.m_fun()
```

运行结果：

```
This is a point
This is a point
Test
```

第 4 行代码定义了一个 Point 类的成员函数 m_fun()，该函数体中调用了 m_print()成员函数。所以在第 10 行代码中对象 p2 调用成员函数 m_fun()时，会先执行第 5 行代码调用 m_print()函数，输出"This is a point"，然后执行第 6 行代码输出"Test"。

在 Python 中，可以使用内置方法 isinstance()来测试一个对象是否为某个类的实例。

```
>>>print(isinstance(p1, Point))
True
>>>print(isinstance(p2, int))
False
```

2. 成员函数中的 self 与目的对象

定义成员函数时，第一个形参必须为 self，其使用机理与 C++中成员函数中的 this 指针类似，即 self 实际上就是调用本成员函数的目的对象。执行【例 8-2】第 9 行代码，p1 调用了 m_print()成员函数，进入 m_print()成员函数后，自动创建形参变量 self，self 是 Point 类的对象，和 p1 指向同一个内存区域，即 self 就是目的对象 p1。执行【例 8-2】第 10 行代码，对象 p2 调用成员函数 m_fun()，进入 m_fun()函数后，自动创建一个 self 对象且首地址与对象 p2 的首地址一致，接着执行第 5 行代码，进入 m_print()函数，仍然会创建一个形参变量 self，这个 self 的首地址还是与对象 p2 的首地址一样。这说明通过对象 p2 调用成员函数，进入成员函数后，自动创建的形参变量 self 实际上就是目的对象 p2。

如果定义新类 MyClass，内有成员函数 m_fun(self, 形参 1, 形参 2)，实例出 MyClass 类的一个对象

MyObject，通过 MyObject.m_fun(实参 1，实参 2)调用成员函数时，Python 会自动将代码转换为 MyClass.m_fun(MyObject, 实参1，实参 2)，这就是 self 的使用原理。

Python 中，在类中定义成员函数时，用 self 作为第一个形参名只是一个习惯，不一定非要使用，实际上成员函数的第一个参数名是可以变化的，但为了统一和便于理解，还是建议读者在编写代码时以 self 作为成员函数的第一个形参名。如下面的代码把【例 8-2】中的 self 用 this 来替换，程序运行结果还是一样的。

```
1  class Point:
2      def m_print(this):
3          print("This is a point")
4      def m_fun(this):
5          this.m_print()
6          print("Test")
```

3. 带默认参数值的成员函数
类的成员函数与普通类外函数的使用方法相差不大，也支持默认参数值。

【例 8-3】带默认参数值的成员函数举例。

程序代码如下：

```
1   class Point:
2       def m_print(self):
3           print("This is a point")
4       def m_fun(self, s = "Test"):
5           self.m_print()
6           print(s)
7   p1 = Point()
8   p1.m_print()
9   p1.m_fun()
10  p1.m_fun("Message")
```

运行结果：

```
This is a point
This is a point
Test
This is a point
Message
```

上面的第4行代码成员函数m_fun()有一个形参m是有默认值的，所以第9行代码无参调用m_fun()函数时，形参 s 的值只能被默认值"Test"初始化，代码最终输出"This is a point"和"Test"。第 10 行代码有参调用m_fun()函数，进入 m_fun()函数后，形参 s 的值被实参初始化为"Message"，于是成员函数输出了"This is a point"和"Message"。

8.2.4 类的成员数据
类的成员除了动态属性外还有静态属性，动态属性用成员函数来实现，静态属性则用成员数据来实现。Python 的成员数据可以分为类属性和实例属性两种。

1. 类属性
类属性是定义类时在成员函数外定义的变量，也可以是在类成员函数内或类外用"类名.属性名"创建的变量。该变量不属于某个对象，而是属于这个类，类属性则是所有对象共享，类似 C++中的静态成员变量。

对类的属性可以用"对象名.类属性名"或"类名.类属性名"在类的定义外部进行调用。

【例 8-4】类属性举例。

程序代码如下：

```
1  class Point:
2      x = 0  #定义 Point 类属性 x
3      z = 1  #定义 Point 类属性 z
4      #Point.k = 10  #报错，因为 Point 还没有定义，只能用于类外创建类属性
5      def setXY(self, x, y):
6          Point.x = x  #修改 Point 类属性 x 的值
7          Point.y = y  #定义 Point 类属性 y
8          Point.w = 2  #定义 Point 类属性 w
9      def getX(self):
10         return Point.x
11     def getY(self):
12         return Point.y
13     def getZ(self):
14         return Point.z
15 p1 = Point()
16 p2 = Point()
17 p1.setXY(5, 6)
18 Point.v = 22  #类外创建 Point 类属性 v
19 print("p1.x=", p1.getX(),", p1.y=", p1.y)
20 print("p1.z=", p1.getZ(),", p1.w=", p1.w,", p1.v=", p1.v)
21 print("p2.x=", p2.getX(),", p2.y=", p2.y)
22 print("p2.z=", p2.getZ(),", p2.w=", p2.w,", p2.v=", p2.v)
23 #print("Point.x=", Point.getX())    #报错，getX()是成员函数
24 #print("Point.z=", Point.getZ())    #报错，getZ()是成员函数
25 print("Point.y=", Point.y)
26 print("Point.w=", Point.w,", Point.v=", Point.v)
```

运行结果：

```
p1.x= 5 ,p1.y= 6
p1.z= 1 ,p1.w= 2 ,p1.v= 22
p2.x= 5 ,p2.y= 6
p2.z= 1 ,p2.w= 2 ,p2.v= 22
Point.y= 6
Point.w= 2 ,Point.v= 22
```

第 1 行代码定义了一个 Point 类，第 2、3 行代码定义了 Point 类的两个类属性 x、z。如果执行第 4 行代码会报错，是因为 Point 类还没有定义完。程序会扫描 Point 类体，记录 Point 类中定义了哪些成员函数，但不会执行这些成员函数，因为成员函数是靠对象来调用的，所以第 6、7、8 行代码不会被执行，即扫描完 Point 类体后，Point 类只有两个类属性 x 和 z，值为 0 和 1。完成对类的扫描后，第 15、16 行代码创建了两个 Point 对象 p1、p2，p1 和 p2 都共享类属性 x 和 z。执行第 17 行代码，p1 调用成员函数 setXY()，进入成员函数 setXY()，执行第 6 行代码修改类属性 x 的值为 5，执行第 7 行和第 8 行代码又给 Point 类增加了两个类属性 y、w 并分别赋值 6、2，于是这时 Point 类有 4 个类属性：x、y、z、w，其值分别为 5、6、1、2。退出成员函数 setXY()后，执行第 18 行代码，为 Point 类再次创建一个新的类属性 v 并赋值 22，Python 是允许在类定义外创建类属性的。

第 19 行、20 行代码输出对象 p1 的成员数据 x、y、z、w、v，由于这 5 个成员数据都是类属性，所有对象共享，所以第 21、22 行代码输出对象 p2 的成员数据 x、y、z、w、v 的值是与对象

p1 的成员数据值是一样的。

第 23 行、24 行代码中成员函数 getX()和 getZ()必须由对象进行调用，所以如果执行第 23 行和第 24 行代码会报错。

第 25、26 行代码是输出 Point 类的类属性 y、w 和 v 的值，类属性可以通过类名来直接调用，类名调用的类属性与类的对象调用的同名类属性其实是同一个变量，所以第 25、26 行代码输出的 y、w、v 的值与对象 p1、p2 输出的 y、w、v 的值是一样的。

2. 实例属性

实例属性是在成员函数内定义的局部变量，或在类外用"对象名.属性名"创建的变量。每个对象的实例属性都是相互独立的，类似于 C++中的普通成员变量。

实例属性可以用"self.属性名"在成员函数中创建，在类定义外也可以用"对象名.属性名"为该对象增加实例属性。

【例 8-5】*实例属性举例。*

程序代码如下：

```
1   class Point:
2       #self.z = 1        #报错，实例属性必须在函数内定义
3       def setXY(self, x, y):
4           self.x = x
5           u = y             #创建局部变量u
6       def getX(self):
7           return self.x
8       def editX(self, x):
9           self.x = x
10  p1 = Point()
11  p2 = Point()
12  p1.setXY(5, 9)
13  p2.setXY(44, 77)
14  Point.v = 22            #添加类属性v
15  print("p1.x=", p1.getX(),", p2.x=",p2.getX())
16  p1.editX(10)
17  print(p1.x, p2.x)
18  #print(Point.x)         #报错，x 不是类属性 x
19  p1.w = 2                #给对象p1 添加实例属性w
20  print(p1.w)
21  #print(p2.w)            #报错，p2 中没有 w 成员变量
```

运行结果：

```
p1.x= 5 , p2.x= 44
10 44
2
```

如果执行第 2 行代码会报错，实例属性应该在函数内定义。第 10 行、第 11 行代码分别创建 Point 类对象 p1 和 p2，这时 p1 和 p2 内是没有任何成员数据的。第 12 行、第 13 行代码依次调用成员函数 setXY()，分别在对象 p1、p2 内创建各自的实例属性 x，值分别为 5、44。第 14 行代码为 Point 类增加一个类属性 v，值为 22，所有 Point 对象共享这个类属性。第 16 行代码中对象 p1 调用成员函数 editX()，进入该函数，形参 x 值为 10，赋值给实例属性 x，对象 p1 的实例属性 x 的值变为 10。由于实例属性 x 是属于各自对象的，用类名进行调用会报错，所以如果执行第 18 行代码会报错。第 19 行代码为 p1 对象增加了一个实例属性 w，值为 2，这个属性对象 p1 独享，对象 p2 不会增加，所以第 20 行代码输出对象 p2 的实例属性 w 会报错。

类属性和实例属性都属于类的成员数据，一般没有特殊需要时，类中尽量创建实例属性，而不创建类属性。

3. 混入机制

Python 允许在类的定义外为类和对象增加新的数据和行为，这称为混入机制。混入机制在大型项目的开发中会非常方便和实用。【例 8-4】中第 18 行代码在类定义外为 Point 类增加了类属性 v；【例 8-5】中第 19 行代码为 Point 类对象 p1 增加了实例属性 w，而同样的 Point 类对象 p2 却没有增加这个实例属性 w。这两种动态增加成员数据的方法都属于混入机制。

行为是一个动态属性，函数是行为的代码实现，在 Python 中还可以把函数增加到一个实例里面，还可以采用 type.MethodType() 把独立的外部函数变为一个对象的成员函数，但需要导入 types 模块。

【例 8-6】成员函数的混入机制举例。

程序代码如下：

```
1   class Point:
2       def setX(self, x):
3           self.x = x
4   p1 = Point()
5   p2 = Point()
6   p1.setX(5)
7   p2.setX(10)
8   import types  #导入types模块
9   def fun(self, y):
10      self.y = y
11  p1.setY = types.MethodType(fun, p1)
12  p1.setY(6)
13  print(p1.x, p1.y)
14  #p2.setY(11)     #报错
15  #print(p2.x, p2.y)     #报错
```

运行结果：

```
5 6
```

第 9 行、10 行代码在主程序中创建了一个独立的成员函数 fun()。第 11 行代码利用混入机制将 fun() 函数增加为对象 p1 的成员函数 setY()，这时对象 p1 有 setX() 和 setY() 两个成员函数，但对象 p2 就只有 setX() 这一个成员函数。第 12 行代码调用了 p1 的成员函数 setY()，由于 setY() 函数中创建了一个实例属性 y，所以对象 p1 又增加了一个实例属性 y，值为 6。第 13 行代码分别输出对象 p1 的实例属性 x 和 y，值为 5 和 6。如果执行第 14 行和第 15 行代码则会报错，因为 p2 没有 setY() 成员函数，就更不会有在 setY() 函数中创建的 y 实例属性。

8.3 构造函数

类与对象的关系就相当于基本数据类型与变量的关系，是类型与实例的关系。同属一个类的多个对象之间的区别在于两个方面：一是对象名，二是对象的成员数据值不同。Python 中通过 "=" 直接创建变量并对变量赋初值，而在创建类的对象时，也可以在创建对象的同时用数据对对象赋初值。在定义对象的时候对其成员数据进行初值设置，称为对象的初始化。

Python 可以通过赋值来创建一个变量并对变量赋初值，创建一个变量意味着程序要为变量在内存中创建空间，并写入变量的初始值。对象的创建也是如此，系统需要为对象创建一定的内存空间。由于对象远比基础类型的变量要复杂，因为它除了具有成员函数还有成员数据，所以在创建对象并

对对象进行赋初值时，系统是不知道如何产生代码来实现对成员数据的赋值的，这就需要程序员自己撰写初始化程序。这种在对象创建时利用特殊值对实例属性进行赋初值的行为，是靠构造函数来实现的。

构造函数是类的一个成员函数，除了具有一般成员函数的特性外，还有一些特殊的性质。构造函数名为__init__，并且没有返回值。只要类中有了构造函数，在创建新对象的地方就会自动调用构造函数代码来实现。

一个类有且只有一个构造函数。调用时无须提供参数的构造函数称为默认构造函数。如果类中没有手动定义构造函数，Python 会自动生成一个隐含的默认构造函数，该构造函数的参数列表和函数体都为空。但如果类中定义了构造函数（无论是否有参数），Python 便不会再为该类生成一个隐含的构造函数。【例 8-4】中定义类 Point 时就没有定义类的构造函数，但 Python 会自动生成一个隐含的默认构造函数，用 p1=Point()创建对象 p1 时，实际上就调用了 Point 类的隐含默认构造函数。

定义构造函数的语法形式为：

```
def __init__(self [,参数列表]):
    函数体
```

如果类中定义了构造函数，则实例属性一般情况下都会定义在构造函数的函数体中，当创建新对象时，就会为新对象构造实例属性并赋初值。

如果手动创建了类的构造函数，则创建对象的语法形式如下：

```
对象名 = 类名([参数列表])
```

其中，参数列表由构造函数决定，可以有参数也可以无参数。

【例 8-7】构造函数举例。

程序代码如下：

```
1   class Point:
2       def __init__(self, x, y):
3           self.x = x
4           self.y = y
5       def getX(self):
6           return self.x
7       def getY(self):
8           return self.y
9   p1 = Point(5,10)
10  print(p1.getX(), p1.getY())
11  #p2 = Point()    #报错
```

运行结果：

```
5 10
```

上面程序中创建了一个 Point 类，在 Point 类的定义中创建了一个构造函数，并且是一个具有两个形参的构造函数，所以在执行第 9 行代码创建对象 p1 时，要给出两个实参来调用构造函数以初始化对象 p1。但如果执行第 10 行代码则会报错，是因为构造函数有两个形参，则创建对象调用构造函数就必须给出实参。如果希望第 11 行代码能够正常执行，可以通过对构造函数的形参设置默认值来解决，如下面的例题。

【例 8-8】构造函数举例。

程序代码如下：

```
1   class Point:
2       def __init__(self, x = 0, y = 0):
3           self.x = x
4           self.y = y
```

```
5        def setXY(self, x, y):
6            self.x = x
7            self.y = y
8        def getX(self):
9            return self.x
10       def getY(self) :
11           return self.y
12   p1 = Point()
13   p2 = Point(5, 10)
14   print("p1.x=", p1.getX(), end = ',')
15   print("p1.y=", p1.y)
16   print("p2.x=", p2.getX(), end = ',')
17   print("p2.y=", p2.y)
18   p1.setXY(25, 30)
19   print("p1.x=", p1.getX(), end = ',')
20   print("p1.y=", p1.getY())
21   print(p2.x)
22   print(p1.x)
```

运行结果:

```
p1.x= 0,p1.y= 0
p2.x= 5,p2.y= 10
p1.x= 25,p1.y= 30
5
25
```

第 2 行~第 4 行代码在 Point 类中定义了一个构造函数,该构造函数有两个带有默认值为 0 的实例属性 x 和 y。类 Point 的其他成员函数都是对这两个实例属性进行操作的。第 12 行代码创建了对象 p1,就调用了第 2 行~第 4 行代码定义的构造函数,由于 Point()没有给出实参,所以进入__init__()构造函数后形参 x、y 会被默认值 0 初始化,最终实现了创建对象 p1,解决了【例 8-5】中不能用 Point()创建对象的问题。执行完第 12 行代码后,对象 p1 有两个实例属性 x、y,值分别为 0、0。第 13 行代码创建了对象 p2,也调用了第 2 行~第 4 行代码的构造函数,构造函数中的形参 x、y,分别被初始化为 5、10。执行完第 13 行代码后,对象 p2 就有了两个实例属性 x、y,值分别为 5、10。

【例 8-9】创建一个矩形类,矩形类有长、宽两种属性,用一个成员函数来求矩形的面积,创建矩形类对象时,用构造函数为长、宽均赋 0 值。现在有一个长、宽都为 20 的正方形,和一个长、宽分别为 3、5 的矩形。现编程通过矩形类来求正方形和矩形的面积。

程序代码如下:

```
1    class Rect:
2        def __init__(self, l = 0, w = 0):
3            self.l = l
4            self.w = w
5        def getArea(self):
6            return self.l * self.w
7    rect1 = Rect(20, 20)
8    print("rect1=", rect1.getArea())
9    rect2 = Rect(3, 5)
10   print("rect2=", rect2.getArea())
```

运行结果:

```
rect1= 400
rect2= 15
```

上述中 self.l 和 self.w 分别代表类 Rect 的长、宽。正如前面所说，在如果没有特殊要求的情况下，都是创建实例属性，而不创建类属性，这样可以保证每个对象的数据独立性。

8.4 类成员的访问权限

类成员包括成员数据和对成员数据操作的成员函数，它们分别描述事物的静态属性和动态行为，是不可分割的。为了理解类成员的访问权限，我们先来看电子手表这个例子。不管哪一种电子手表，都能显示年、月、日、小时、分钟、秒等参数。正常情况下，使用者可以通过电子手表上的旋钮或者按钮来调整时间，只有修理工才会拆开电子手表，通过调整里面的电子器件实现对年、月、日的调整。而一般的使用者根本不需要拆开电子手表，也不需要了解里面电子器件的原理，会按电子手表上的旋钮或者按钮就行。这种黑箱的方法对使用者十分友好，将这种封装技术用于编程中，能够对底层数据和算法进行封装，很好地保护软件公司的知识产权。如果将电子手表的共性抽象出电子手表类，旋钮或者按钮就是我们使用电子手表的仅有途径，因此它们为类的外部接口，而电子手表内的时间值则是类的私有成员，使用者只能通过外部接口去访问私有成员。

所以对类成员访问权限的控制，是通过设置类成员的访问权限来实现的。按访问权限将类成员分为 3 种：公有成员、私有成员、保护型成员。

◆ 公有成员是类对外的接口，类中除了私有成员、保护型成员和系统定义的特殊成员外都是公有成员，一般将对数据的操作设置为公有成员，公有成员可以通过对象名直接调用。

◆ 私有成员是以双下划线开头的属性或方法，如__hour、__minute、__shout。正常情况下，私有成员只允许在类定义中被本类的其他成员访问，类定义外对私有成员的访问都是非法的。但在 Python 中可以通过"类的对象名._类名__成员名"方式来强行访问私有成员"__成员名"，这种破坏类封装特性的方式一般不建议使用。私有成员被隐藏在类中，保护了数据的安全性，所以，类的数据成员一般都应该被设置为私有成员。

◆ 保护型成员是以单下划线开头的属性或方法，如_x、_y。保护型成员在类定义中可以被本类的其他成员访问，类定义外也可以被直接访问。from module import *不能导入模块中的保护型成员。

在面向对象程序设计时，没有特殊要求的情况下，程序员一般会将数据成员设置为类的私有成员以保证数据的隐蔽性，而对这些数据成员的操作（成员函数）将会作为外部访问内部数据的接口设置为公有成员。

【例 8-10】类成员的访问权限举例。

程序代码如下：

```
1  class Point:
2      def __init__(self, a = 0, b = 0, c = 0):
3          Point.__x = a
4          Point._y = b
5          Point.z = c
6      def getX(self):
7          return Point.__x
8      def getY(self):
9          return Point._y
10 p1 = Point()
11 print(p1.getX(), p1.getY(), Point.z)
12 p2 = Point(3, 9, 15)
13 #print(p1.__x)                        #报错，私有成员无法在类外访问
```

```
14    #print(Point.__x)                    #报错，私有成员无法在类外访问
15    print(p1.getX(), p1.getY(), Point.z)
16    print(p2.getX(), p2.getY(), Point.z)
17    print(p1._y, p2._y, Point._y)
18    print(p2.z, p1.z, Point.z)        #可以直接访问
19    print(p2._Point__x)               #强行访问类 p2 的私有类属性__x
```

运行结果：

```
0 0 0
3 9 15
3 9 15
9 9 9
15 15 15
3
```

第 10 行代码创建了对象 p1，调用了第 2 行～第 5 行代码的构造函数，创建了 3 个类属性：私有类属性__x、保护型类属性_y、公有类属性 z，并赋值 0、0、0。第 12 行代码创建了对象 p2，调用构造函数将 3 个类属性的值改为 3、9、15。__x 是私有类属性，类定义外直接访问属于非法，所以如果执行第 13 行和第 14 行代码会报错。由于__x、_y、z 是类属性，所以执行第 15 行与第 16 行代码输出的结果是一样的。_y 是保护型类属性，执行第 18 行代码能够正常输出_y 的值。执行第 19 行代码可以强行访问私有类属性__x，但不建议用这种方法破坏对象的封装特性。

【例 8-11】类成员的访问权限举例。

程序代码如下：

```
1    class Point:
2        def __init__(self, a = 0, b = 0, c = 0):
3            self.__x = a
4            self._y = b
5            self.z = c
6        def getX(self):
7            return self.__x
8        def getY(self):
9            return self._y
10   p1 = Point()
11   print(p1.getX(), p1.getY(), p1.z)
12   p2 = Point(3, 9, 15)
13   print(p1.getX(), p1.getY(), p1.z)
14   print(p2.getX(), p2.getY(), p2.z)
15   #print(p1.__x, p2.__x)   #报错
16   print(p1._y, p2._y)        #可以直接访问
17   print(p2._Point__x)     #强行访问类 p2 的私有实例属性__x
```

运行结果：

```
0 0 0
0 0 0
3 9 15
0 9
3
```

类 Point 的构造函数中定义了 3 个实例属性：私有实例属性__x、保护型实例属性_y、公有实例属性 z。所以在执行第 13 行和第 14 行代码的输出对象 p1 和 p2 的 3 个实例属性值是不一样的。由于__x 是私有数据成员，如果执行第 15 行代码将会报错。执行第 16 行代码可以直接访问保护型实

例成员_y。第 17 行代码强行访问了私有实例属性__x，但不建议用这种方法破坏对象的封装特性。

【例 8-12】类成员的访问权限举例。

程序代码如下：

```
1    class A:
2        def __init__(self, val1 = 0, val2 = 0):
3            self._val1 = val1    #protected
4            self.__val2 = val2   #private
5        def setval(self, a, b):
6            self._val1 = a
7            self.__val2 = b
8        def addval(self, val1, val2):
9            self._val3 = val1
10           self.__val4 = val2
11       def __show(self):
12           print(self._val1)
13           print(self.__val2)
14       def show(self):
15           print(self._val1)
16           print(self.__val2)
17           print(self._val3)
18           print(self.__val4)
19   a = A()
20   b = A(1, 2)
21   print(a._val1)
22   a.setval(2, 3)
23   a.addval(5, 10)
24   a.show()
25   #b.show()           #报错
26   #a.__show()         #报错
27   print(a)
```

运行结果：

```
0
2
3
5
10
<__main__.A object at 0x000002A6E5804888>
```

类 A 中有一个构造函数，2 个公有成员函数和 1 个私有成员函数__show()。在执行第 23 行代码之前，对象 a 和 b 都只有两个属性——保护型实例属性_val1、私有实例属性__val2。执行完第 23 行代码后，对象 a 多了两个属性——保护型实例属性_val3、私有实例属性__val4，对象 b 还是只有两个属性，所以如果执行 b.show() 将会报错，因为 b 没有_val3、__val4 这两个属性。__show() 是私有成员函数，所以如果执行第 26 行代码将会报错。对象 a 是一个 Point 类型的对象，所以 print(a) 输出了 a 的类型及所在的内存地址。

【例 8-13】定义并实现一个平面点类 Point，有两个方向坐标值，有成员函数可修改坐标值。

程序代码如下：

```
1    class Point:
2        def __init__(self, x = 0, y = 0):
3            self.__x = x
```

```
4              self.__y = y
5        def set(self, x, y):
6              self.__x = x
7              self.__y = y
8        def getX(self):
9              return self.__x
10       def getY(self):
11             return self.__y
12       def show(self):
13             print('(',self.__x, ',', self.__y, ')')
14 p1 = Point(3, 4)
15 p2 = Point(5, 6)
16 p1.show()
17 p2.show()
18 p2.set(7, 9)
19 p2.show()
20 print((p1.getX() - p2.getX()) ** 2 + (p1.getY() - p2.getY()) ** 2)
```

运行结果：

```
( 3 , 4 )
( 5 , 6 )
( 7 , 9 )
41
```

【例 8-14】定义并实现一个矩形类，有长、宽两个属性，有成员函数可计算矩阵的面积。

程序代码如下：

```
1  class Rect:
2      def __init__(self, l = 0, w = 0):
3            self.__l = l
4            self.__w = w
5      def setLW(self, l, w):
6            self.__l = l
7            self.__w = w
8      def getL(self):
9            return self.__l
10     def getW(self):
11           return self.__w
12     def calArea(self):
13           return self.__w * self.__l
14 rect1 = Rect()
15 print("Area_rect1=", rect1.calArea())
16 rect2 = Rect(4, 6)
17 print("Area_rect2=", rect2.calArea())
18 rect1.setLW(10, 20)
19 print("Area_rect1=", rect1.calArea())
```

运行结果：

```
Area_rect1= 0
Area_rect2= 24
Area_rect1= 200
```

【例 8-15】定义复数类 Comp，有实部和虚部两个属性，有成员函数 set()可修改复数实部和虚部的值，有成员函数 mod()可计算复数的模平方，有成员函数 add()、minus()可实现与其他复数对象的相加、相减运算，有成员函数 show()可输出该复数。

程序代码如下：

```
1   class Comp:
2       def __init__(self, r = 0, i = 0):
3           self.__r = r
4           self.__i = i
5       def set(self, r, i):
6           self.__r = r
7           self.__i = i
8       def mod(self):
9           return self.__r ** 2 + self.__i ** 2
10      def getR(self):
11          return self.__r
12      def getI(self):
13          return self.__i
14      def add(self,c):
15          self.__r += c.__r
16          self.__i += c.__i
17      def minus(self, c):
18          self.__r -= c.__r
19          self.__i -= c.__i
20      def show(self):
21          print(self.__r, '+', self.__i, 'i')
22  c1 = Comp()
23  c2 = Comp()
24  c3 = Comp()
25  c1.set(3, 4)
26  c2.set(5, 10)
27  c1.show()
28  c2.show()
29  print(c1.mod())
30  c2.add(c1)
31  c3 = c2
32  c3.show()
33  c3.minus(c1)
34  c3.show()
```

运行结果：

```
3 + 4 i
5 + 10 i
25
8 + 14 i
5 + 10 i
```

上面的代码中__r、__i 是实例属性，表示复数类 Comp 的实部和虚部。如果要创建 3 个独立的对象，则不能用 c1=c2=c3=Comp()，这样实际上只是在内存中创建了一个对象的物理存储区域，c1、c2、c3 都指向这个物理存储区域。第 15 行、第 16 行、第 18 行、第 19 行代码能够直接访问形参 c 的私有成员__r、__i，这是因为 c 是 Comp 类型，而当前还在定义类 Comp，类的私有成员是能够在类定义中被本类的其他成员直接访问的。

8.5 析构函数

Python 中类的析构函数是__del__()，一般用来释放对象占用的资源，在 Python 删除对象和收回对象空间时被自动调用和执行。如果用户没有编写析构函数，Python 将提供一个默认的析构函数进行必要的清理工作。

【例 8-16】析构函数举例。

程序代码如下：

```
1  class Point:
2      def __init__(self, x = 0, y = 0):
3          self.__x = x
4          self.__y = y
5      def getX(self):
6          return self.__x
7      def getY(self):
8          return self.__y
9      def show(self):
10         print('(', self.__x, ',', self.__y, ')')
11     def __del__(self):
12         print("Destruction")
13 p1 = Point(3, 4)
14 p2 = Point(5, 6)
15 p2.__del__()
16 p2.show()
17 del p1
18 del p2
```

运行结果：

```
Destruction
( 5 , 6 )
Destruction
Destruction
```

第 11 行~第 12 行代码手动定义了 Point 类的析构函数，第 15 行代码主动调用了析构函数来释放对象 p2，存放对象 p2 的内存区域转为自由空间，但 p2 的数据还是存在的，所以第 16 行代码还能输出对象 p2 数据成员的值。执行第 17 行、第 18 行代码删除 p1 和 p2 对象时自动调用了析构函数，分别释放对象 p1 和 p2 占用的内存空间。

8.6 类的组合

类与对象的关系就如基础类型与变量的关系，对象一般可以被看作是一种特殊的变量。基础类型的变量可以作为类的数据成员，类的对象也可以作为另一个类的数据成员，这种类中的数据成员是另一个类的对象情况，称为类的组合。类的组合可以在已有抽象的基础上实现更复杂的抽象。

【例 8-17】类的组合举例。

程序代码如下：

```
1  class Point :
2      def __init__(self, x, y) :
3          self.__x = x
4          self.__y = y
5      def getX(self) :
6          return self.__x
7      def getY(self) :
8          return self.__y
```

```
9    class Line:
10       def __init__(self,p1,p2):
11           self.__p1 = p1
12           self.__p2 = p2
13           x = p1.getX() - p2.getX()
14           y = p1.getY() - p2.getY()
15           self.__len = (x * x + y * y) ** (1 / 2)
16       def getLen(self):
17           return self.__len
18   p1 = Point(1, 2)
19   p2 = Point(4, 6)
20   l = Line(p1, p2)
21   print(l.getLen())
```

运行结果：

```
5.0
```

上面的代码中创建了一个 Line 类，该类有 3 个私有实例属性：__len 及类 Point 的对象__p1 和 __p2，这就是类的组合。成员对象__p1、__p2 的使用方式与普通私有实例属性的使用方式一样。

8.7 多态性与运算符重载

面向对象程序设计中的封装特性通过类的成员变量和成员函数来实现。多态性是面向对象程序设计的第二个特性，多态是指不同类型的对象接收同样的消息时出现了不同的行为，也就是同样的运算被不同的对象调用时产生不一样的行为。最简单的例子就是算术运算符，同样的加号、减号被不同类型的数据（如整数、浮点数等）调用时，会产生不一样的结果：整数相加、减得到的结果是整数；浮点数相加、减得到的结果是有小数点的浮点数；整数和浮点数相加则会先将整数隐式转换为浮点数再相加，最后得到的结果是浮点数。这就是典型的多态性，同样的运算符被不同类型的数据调用，会根据不同的数据类型进行不一样的操作。这种运算符的多态性，称为运算符重载。

Python 中的运算符的操作对象一般都是基础数据类型，如整数、浮点数、字符串、列表等。而对于新创建的数据类型，这些运算符都是不支持的。如下面创建的复数类：

```
1    class Complex :
2        def __init__(self, r=0, i=0):
3            self.__r = r
4            self.__i = i
5        def show(self):
6            print(self.__r, '+', self.__i, 'i')
7    c1 = Complex(1, 2)
8    c2 = Complex(3, 6)
9    print(c1 + c2)
```

运行结果：

```
TypeError: unsupported operand type(s) for +: 'Complex' and 'Complex'
```

上面程序中，由于 c1 和 c2 是新定义类 Complex 的两个对象，Python 不清楚如何将一个 Complex 对象与另外一个 Complex 对象相加，也就无法生成实现 c1+c2 的代码，故程序报错。

从上面代码的运行结果可知，如果用户创建了一个新类型，要想让 Python 的运算符支持该新类型的对象，则必须自己手动定义相应的特殊函数来实现，这就是运算符重载。

Python 中除了构造函数和析构函数外，还有大量的特殊方法支持更多的功能，运算符重载就是通过在类中重新定义特殊函数来实现的。表 8-1 所示为部分 Python 类的特殊函数，通过在自定义类中重写特殊函数能够增加类的基础类型运算功能。

表 8-1　　　　　　　　　　　　部分 Phthon 类的特殊函数

函数	功能说明
__new__()	类的静态方法，用于确定是否要创建对象
__init__()	构造方法，创建对象时自动调用
__del__()	析构方法，释放对象时自动调用
__add__()、__radd__()	左+、右+
__sub__()	－
__mul__()	*
__truediv__()	/
__floordiv__()	//
__mod__()	%
__pow__()	**
__eq__()、__ne__()、__lt__()、__le__()、__gt__()、__ge__()	==、!=、<、<=、>、>=
__lshift__()、__rshift__()	<<、>>
__and__()、__or__()、__invert__()、__xor__()	&、|、~、^
__iadd__()、__isub__()	+=、-=，很多其他运算符也有与之对应的复合赋值运算符
__pos__()	一元运算符+，正号
__neg__()	一元运算符-，负号
__contains__()	与成员测试运算符"in"对应
__radd__()、__rsub__()	反射加法、反射减法，一般与普通加法和减法具有相同的功能，但操作数的位置或顺序相反，很多其他运算符也有与之对应的反射运算符
__abs__()	与内置函数 abs()对应
__bool__()	与内置函数 bool()对应，要求该方法必须返回 True 或 False
__bytes__()	与内置函数 bytes()对应
__complex__()	与内置函数 complex()对应，要求该方法必须返回复数
__dir__()	与内置函数 dir()对应
__divmod__()	与内置函数 divmod()对应
__float__()	与内置函数 float()对应，要求该方法必须返回实数
__hash__()	与内置函数 hash()对应
__int__()	与内置函数 int()对应，要求该方法必须返回整数
__len__()	与内置函数 len()对应
__next__()	与内置函数 next()对应
__reduce__()	提供对 reduce()函数的支持
__reversed__()	与内置函数 reversed()对应
__round__()	对内置函数 round()对应
__str__()	与内置函数 str()对应，要求该方法必须返回 str 类型的数据

函数	功能说明
__repr__()	输出、转换，要求该方法必须返回 str 类型的数据。直接使用该类对象作为表达式来查看对象的值
__getitem__()	按照索引获取值
__setitem__()	按照索引赋值
__delattr__()	删除对象的指定属性
__getattr__()	获取对象指定属性的值，对应成员访问运算符 "."
__getattribute__()	获取对象指定属性的值，如果同时定义了该方法与 __getattr__()，那么 __getattr__() 将不会被调用，除非在 __getattribute__() 中显式调用 __getattr__()，或者抛出 AttributeError 异常
__setattr__()	设置对象指定属性的值
__base__	该类的基类
__class__	返回对象所属的类
__dict__	对象所包含的属性与值的字典
__subclasses__()	返回该类的所有子类
__call__()	包含该特殊方法的类的实例可以像函数一样调用
__get__() __set__() __delete__()	定义了这 3 个特殊方法中任何一个的类称为描述符（descriptor），描述符对象一般作为其他类的属性来使用，这 3 个方法分别在获取属性、修改属性值或删除属性时被调用

如果用 print()函数输出一个类的对象，会显示这个对象的类名及内存所在地址。如果希望 print()函数输出一个对象，能够显示对象的内容，就需要在定义类时重写 __str__()或 __repr__() 函数。

【例 8-18】重写 __str__()函数。

程序代码如下：

```
1  class Item:
2      def __init__ (self, name, price):
3          self.__name = name
4          self.__price = price
5  im = Item('鼠标', 29.8)
6  print(im)
7  class Item:
8      def __init__ (self, name, price):
9          self.__name = name
10         self.__price = price
11     def __str__ (self):
12         return self.__name + str(self.__price)
13 im = Item('显示器', 999)
14 print(im)
```

运行结果：

```
<__main__.Item object at 0x0000020131024C88>
显示器 999
```

上面第 6 行代码用 print(im)显示的是 im 的类型及所在的内存地址。当执行第 7 行代码重新定义 Item 类时，重写了特殊方法 __str__()，第 14 行代码再次执行 print(im)显示的是成员函数 __str__()的返回值。

【例 8-19】定义一个 Point 类，有__x，__y 两个实例属性。重载实现 Point 对象与 Point 对象（或数字）之间的+、-，对象与数字之间的*、/。

程序代码如下：

```
1   class Point:
2       def __isNumber(self, n):
3           if isinstance(n,(int, float)):
4               return True
5           else:
6               return False
7       def __init__(self, v1 = 0, v2 = 0):
8           self.__x = v1
9           self.__y = v2
10      def setval(self, v1, v2):
11          self.__x = v1
12          self.__y = v2
13      def __str__(self):
14          return '(' + str(self.__x) + ',' + str(self.__y) + ')'
15      def __add__(self, c):
16          t = Point()
17          if self.__isNumber(c):
18              t.__x = self.__x + c
19              t.__y = self.__y + c
20          else:
21              t.__x = self.__x + c.__x
22              t.__y = self.__y + c.__y
23          return t
24      def __sub__(self, c):
25          t = Point()
26          if self.__isNumber(c):
27              t.__x -= c
28              t.__y -= c
29          else:
30              t.__x = self.__x - c.__x
31              t.__y = self.__y - c.__y
32          return t
33      def __mul__(self, t):
34          if self.__isNumber(t):
35              self.__x *= t
36              self.__y *= t
37              return self
38      def __truediv__(self, t):
39          if self.__isNumber(t):
40              self.__x /= t
41              self.__y /= t
42              return self
43  p1 = Point()
44  print(f'p1={p1}')
45  p1.setval(5, -7)
46  print(f'p1={p1}')
```

```
47    p2 = Point(10, 20)
48    print(f'p2={p2}')
49    p3 = p1 + p2
50    print(f'p3={p3}')
51    p4 = p1 - p2
52    print(f'p4={p4}')
53    p5 = p1 * 2
54    print(f'p1={p1}')
55    print(f'p5={p5}')
56    p6 = p2 / 5
57    print(f'p6={p6}')
58    print(f'p2={p2}')
59    print(f'p1+2={p1+2}')
60    print(f'p2-3={p2-3}')
```

运行结果:

```
p1=(0,0)
p1=(5,-7)
p2=(10,20)
p3=(15,13)
p4=(-5,-27)
p1=(10,-14)
p5=(10,-14)
p6=(2.0,4.0)
p2=(2.0,4.0)
p1+2=(12,-12)
p2-3=(-3,-3)
```

上面第 2 行~第 6 行代码定义了一个私有成员函数__isNumber()，用来测试数据是否为数值。由于在__mul__()和__truediv__()函数中没有创建一个对象存放计算后的结果，而是直接将计算结果赋值给了目的对象，并将目的对象返回，这也就是为何执行第 53 行代码后 p1 与 p5 相等，执行第 56 行代码后 p2 与 p6 的值相等。

【例 8-20】定义复数类 Comp，有实部和虚部两个属性。通过函数重载实现 Comp 类对象之间的+、-、+=、-=运算。

程序代码如下:

```
1     class Comp:
2         def __isNumber(self, n):
3             if isinstance(n, (int, float)):
4                 return True
5             else:
6                 return False
7         def __init__(self, v1 = 0, v2 = 0):
8             self.__r = v1
9             self.__i = v2
10        def setval(self, v1, v2):
11            self.__r = v1
12            self.__i = v2
13        def __str__(self):
14            return f'{self.__r} + {self.__i}i'
15        def __add__(self,c):
16            if ~self.__isNumber(c):
```

```
17          t = Comp()
18          t.__r = self.__r + c.__r
19          t.__i = self.__i + c.__i
20          return t
21      def __sub__(self, c):
22          if ~self.__isNumber(c):
23              t = Comp()
24              t.__r = self.__r - c.__r
25              t.__i = self.__i - c.__i
26          return t
27      def __iadd__(self, c):
28          if ~self.__isNumber(c):
29              self.__r += c.__r
30              self.__i += c.__i
31          return self
32      def __isub__(self, c):
33          if ~self.__isNumber(c):
34              self.__r -= c.__r
35              self.__i -= c.__i
36          return self
37  a = Comp()
38  print(a)
39  a.setval(10, 20)
40  print(a)
41  b = Comp(77, 88)
42  print(b)
43  c = a + b
44  print("c=a+b:", c)
45  a += c
46  print("a+=c 的结果:", a)
```

运行结果:

```
0+0i
10+20i
77+88i
c=a+b: 87+108i
a+=c 的结果: 97+128i
```

8.8 继承与派生

继承是用来实现代码复用和设计复用的机制,是面向对象程序设计的三大特性之一。继承机制允许程序员在保持原有类特性的基础上,进行更具体、更详细的说明。设计一个新类时,如果可以继承一个已有的设计良好的类然后进行二次开发,无疑会大幅度减少开发工作量。从不同的角度来看,保持已有类的特性而构造新类的过程称为继承。

在继承已有类的特性的基础上,新增自己的特性而产生新类的过程称为派生。被继承的已有类称为基类或父类,派生出的新类称为派生类或子类。

图 8-1 是汽车类的分层示意,汽车类有喇叭、车轮、方向盘、发动机等属性,具有鸣叫喇叭、旋转车轮、转动方向盘、启动发动机等行为。轿车、卡车、客车、特种车等类是汽车的派生类(子类),它们继承了汽车类的所有属性和行为,并且还有自己的特性,如轿车一般有后备箱,卡车后面

有车斗，客车有多排座位，特种车上安装有特殊的设备等。特种车又派生出 3 个类：防暴车、消防车、救护车，它们在继承特种车属性和行为的基础上，防暴车上会配置防爆网、高功率警用无线电，消防车上会配置高压水枪和大水箱，而救护车则会配备氧气机、移动担架等。

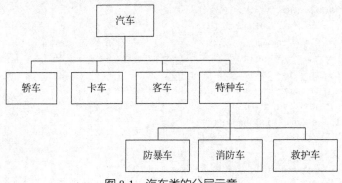

图 8-1　汽车类的分层示意

派生类主要有以下 3 个部分。

（1）吸收基类成员。派生类实际上就包含了它的全部基类中除构造函数之外的所有成员。

（2）改造基类成员。如果派生类声明了一个和某基类成员同名的新成员，派生的新成员就屏蔽掉外层基类的同名成员。

（3）添加新的成员。派生类新成员的加入是继承与派生机制的核心，保证了派生类在功能上有所发展。

创建派生类对象时，会调用派生类的构造函数，在构造函数中会优先调用基类的构造函数来创建与初始化从基类继承来的成员，再创建派生类自己的新成员。

类继承的语法形式如下：

```
class  类名(基类列表):
    '''类说明'''
    类体
```

示例如下：

```
1  class  PointXYZ(Point):
2      pass
```

上面的代码是在基类 Point 的基础上派生出类 PointXYZ，即在平面点类的基础上派生出空间点类。类 PointXYZ 在继承类 Point 的 x、y 轴坐标属性和一切成员函数的基础上，增加 z 轴坐标属性，以及增加对 z 属性操作的函数，如 getZ()，来获取 z 属性的值。于是在定义类 PointXYZ 时，就不用重复定义 x、y 属性和对 x、y 属性操作的成员函数，很好地实现了代码复用。

定义派生类时，可以继承基类的公有成员，但不能直接访问基类的私有成员，必须通过基类公有成员函数实现对基类私有成员的访问。

派生类可以直接访问从基类继承来的公有成员，就如访问自己的成员一样，使用"self.成员名"格式来访问。但如果在派生类中创建了与基类同名的成员函数，派生类会屏蔽掉同名的外层基类成员函数，这时候"self.函数名"只调用派生类的同名函数。如果想访问外层基类的同名成员函数，则要通过"super().基类函数名(实参列表)"，或指定基类名的方式"super(基类名,self).基类函数名(实参列表)""基类名.基类函数名(self, 实参列表)"来实现。

如果基类手动定义了构造函数，则在派生类的构造函数中一定要显示调用基类的构造函数来初始化被继承来的成员数据。

Python 支持多继承，如果基类中有相同的函数名，而在子类使用时没有指定是哪个基类，则

Python 解释器将从左向右按顺序进行搜索。

【例 8-21】类继承实例。

程序代码如下:

```
1  class Point:
2      def __init__(self, x = 0, y = 0):
3          self.__x = x
4          self.y = y
5      def move(self, offX, offY):
6          self.__x += offX
7          self.y += offY
8      def getX(self):
9          return self.__x
10 class PointXYZ(Point):
11     def __init__(self, x = 0, y = 0, z = 0):
12         super().__init__(x, y)
               #或者 Point.__init__(self, x, y)
13         self.y = y
14         self.__z = z
15     def move(self, offX, offY, offZ):
16         super().move(offX, offY)   #或者 Point.move(self, offX, offY)
17         self.__z += offZ
18     def getZ(self):
19         return self.__z
20     def __str__(self):
21         return f'({self.getX()},{self.y},{self.__z})'
22 p = PointXYZ(2, 3, 4)
23 p.move(4, -5, -6)
24 print(p.getX(), p.y, p.getZ())
25 print(p)
```

运行结果:

```
6 -2 -2
(6,-2,-2)
```

上面的代码中,Point 类有 2 个数据成员: 私有实例属性__x 和公有实例属性 y, __x 是私有的, 所以需要创建成员函数 getX()来操作__x; y 是公有的, 类外可以直接访问, 不需要创建对其操作的成员函数。类 PointXYZ 是由类 Point 派生出来的, 类 PointXYZ 继承了类 Point 的两个实例属性__x、y 及 3 个成员函数, 还增加了 4 个成员函数的新成员, 并在自己的构造函数中增加了私有实例属性__z。在类 PointXYZ 定义中可以直接用 "self.函数名" 来调用继承的函数, 但类 PointXYZ 自己创建了一个构造函数__init__(), 与从类 Point 继承来的成员函数__init__()重名, 类 PointXYZ 的构造函数会屏蔽继承来的__init__()函数, 所以要在类 PointXYZ 中调用基类结构函数__init__()来初始化__x、y, 必须将 "self" 换成 super()或者基类名, 如第 12 行代码。同理, 派生类中创建了 move()函数会屏蔽从基类继承来的 move()函数, 想要在派生类中调用基类 move()函数, 需要用 super()或基类名的方式来调用, 如第 16 行代码。在第 21 行代码中, 由于__x 是类 Point 的私有属性, 在类 PointXYZ 定义中也是无法直接访问的, 只能通过调用继承来的 getX()函数来访问; y 是 Point 的公有实例属性, 在类 PointXYZ 定义中可以把它看作类 PointXYZ 的公有实例属性, 可以直接用"self.成员名"方式直接访问; __z 是类 PointXYZ 的私有实例属性, 在类定义中可以直接访问。

【例 8-22】类继承实例。

程序代码如下：

```
1   class A:
2       def __init__(self):
3           self.__private()
4           self.public()
5       def __private(self):
6           print('__private() method in A')
7       def public(self):
8           print('public() method in A')
9   class B(A):
10      def __private(self):
11          print('__private() method in B')
12      def public(self):
13          print('public() method in B')
14  class C(A):
15      def __init__(self):   # 显式定义构造函数
16          self.__private()
17          self.public()
18      def __private(self):
19          print('__private() method in C')
20      def public(self):
21          print('public() method in C')
22  b = B()
23  c = C()
```

运行结果：

```
__private() method in A
public() method in B
__private() method in C
public() method in C
```

上面代码的类 B、C 都是 A 的派生类。类 B 从类 A 继承了一个构造函数、一个私有成员函数 __private()、一个公有成员函数 public()，由于 __private() 是私有成员函数，在类 B 中是无法直接访问的，只能通过从类 A 继承来的构造函数来调用。类 B 自己创建了一个私有成员函数 __private()、一个公有成员函数 public()，public() 函数与从类 A 继承来的 public() 函数重名，于是从类 A 继承来的 public() 函数会被屏蔽。类 C 从类 A 继承来的成员与类 B 一样，类 C 自己创建了构造函数 __init__() 和公有函数 public()，会将从类 A 继承来的构造函数与 public() 函数屏蔽。执行第 22 行代码创建对象 b，会调用从类 A 继承来的构造函数 __init__()，即程序进入第 3 行代码，由于 __init__() 是类 A 的函数，调用的私有成员函数 __private() 也应该是类 A 的，第 4 行代码调用的 public() 函数也应该是类 A 的公有成员函数，但由于从类 A 继承来的公有成员函数 public() 被类 B 自己创建的公有成员函数 public() 屏蔽了，就无法执行类 A 的 public() 函数，只会调用类 B 的 public() 函数。所以如果基类手动定义了构造函数，派生类不定义构造函数，则会出现这种调用无法预测的问题。执行第 23 行代码创建对象 c，调用类 C 的构造函数，进入第 16 行、第 17 行代码，调用的 __private() 和 public() 函数都是类 C 创建的成员函数，因为派生类成员会屏蔽同名的外层基类成员。

【例 8-23】类继承实例。

程序代码如下：

```
1   class Person(object):
2       def __init__(self, ID = '', name = '', gender = 'man'):
```

```
3          self.setID(ID)
4          self.setName(name)
5          self.setGender(gender)
6      def setID(self, ID):
7          if not isinstance(ID, str):
8              print('ID must be string.')
9              return
10         self.__ID = ID
11     def setName(self, name):
12         if not isinstance(name, str):
13             print('name must be string.')
14             return
15         self.__name = name
16     def setGender(self, gender):
17         if gender != 'M' and gender != 'F':
18             print('gender must be "M" or "F"')
19             return
20         self.__gender = gender
21     def show(self):
22         print('ID:', self.__ID)
23         print('Name:', self.__name)
24         print('Gender:', self.__gender)
25 class Student(Person):
26 def __init__(self, ID='',name='',gender = 'man', \
27             major = 'Computer'):
28         super(Student, self).__init__(ID, name, gender)
29         #Person.__init__(self, ID, name, gender)
30         #super().__init__(ID, name, gender)
31         self.setMajor(major)
32     def setMajor(self, major):
33         if not isinstance(major, str):
34             print('major must be a string.')
35             return
36         self.__major = major
37     def show(self):
38         super(Student, self).show()
39         print('Major:', self.__major)
40 emp1 = Person('360101199103170012', 'Li Guo', 'M')
41 emp1.show()
42 stu1 = Student('36021220030226002X', 'Zhang Jia', 'F', 'Math')
43 stu1.show()
44 stu1.setName('Zhang Jiali')
45 stu1.show()
```

运行结果：

```
ID: 360101199103170012
Name: Li Guo
Gender: M
ID: 36021220030226002X
Name: Zhang Jia
Gender: F
Major: Math
```

```
ID: 36021220030226002X
Name: Zhang Jiali
Gender: F
Major: Math
```

8.9 应用实例

【例 8-24】定义一个 Person 类，数据成员包括 name、age 和 sex，成员方法包括 getName()、getAge()和 getSex()。

程序代码如下：

```
1  class Person:
2      def __init__(self, name, age, sex):
3          print('进入 Person 的初始化')
4          self.name = name
5          self.age = age
6          self.sex = sex
7          print('离开 Person 的初始化')
8      def getName(self):
9          print(self.name)
10     def getAge(self):
11         print(self.age)
12     def getSex(self):
13         print(self.sex)
14 p = Person('王强', 19, '男')
15 print(p.name)
16 print(p.age)
17 print(p.sex)
```

运行结果：

```
进入 Person 的初始化
离开 Person 的初始化
王强
19
男
```

【例 8-25】创建父类 A，包含两个数据成员 s1 和 n1，由父类 A 派生出子类 B，包含两个数据成员 s2 和 n2，再由子类 B 派生出孙类 C，包含两个类成员 s3 和 n3。

程序代码如下：

```
1  class A:
2      def __init__(self, s1, n1):
3          self.s1 = s1
4          self.n1 = n1
5      def disp(self):
6          print(self.s1, self.n1)
7  class B(A):
8      def __init__(self, s1, n1, s2, n2):
9          A.__init__(self, s1, n1)
10         self.s2 = s2
11         self.n2 = n2
12     def disp(self):
13         A.disp(self)
```

```
14          print(self.s2, self.n2)
15  class C(B):
16      def __init__(self, s1, n1, s2, n2, s3, n3):
17          B.__init__(self, s1, n1, s2, n2)
18          self.s3 = s3
19          self.n3 = n3
20      def disp(self):
21          B.disp(self)
22          print(self.s3, self.n3)
23  p1 = A('A:abc', 10)
24  p1.disp()
25  p2 = B('B:abc', 10, 'def', 20)
26  p2.disp()
27  p3 = C('C:abc', 10, 'def', 20, 'ghi', 30)
28  p3.disp()
```

运行结果：

```
A:abc 10
B:abc 10
def 20
C:abc 10
def 20
ghi 30
```

本章习题

一、选择题

1. 下面关于 Python 类说法，错误的是（   ）。

   A. 类的实例方法必须创建对象后才可以调用

   B. 类的实例方法必须创建对象前才可以调用

   C. 类的类方法可以用对象和类名来调用

   D. 类的公有属性可以用类名和对象来调用

2. 下面（   ）是定义类中的实例私有属性。

   A. __t__   B. __self.t   C. self.__t   D. self.t

3. 下面（   ）是类中的私有成员函数。

   A. _a_()   B. _a()   C. __a()   D. self.a()

4. 构造函数的作用是（   ）。

   A. 显示对象初始信息   B. 初始化类

   C. 初始化对象   D. 引用对象

5. 以下 C 类继承 A 类和 B 类的格式中，正确的是（   ）。

   A. class C extends A, B   B. class C(A:B):

   C. class C(A, B):   D. class C implements A,B:

6. 下列选项中，不属于面向对象程序设计三大特性的是（   ）。

   A. 抽象   B. 封装   C. 继承   D. 多态

7. Python 中通过（   ）实现访问类或者对象的属性和方法。

   A. ,   B. .   C. []   D. ()

8. 在类方法中引用的属性为（ 　 ）。

    A. 类属性   B. 对象属性

    C. 类属性和对象属性   D. 以上选项都不正确

9. 下列选项中不属于面向对象程序设计方法的特性之一的是（ 　 ）。

    A. 封装   B. 继承   C. 多态   D. 可维护性

10. 在类中定义方法采用（ 　 ）关键字。

    A. init   B. class   C. try   D. def

二、填空题

1. 创建对象后，可以使用"_____"运算符来调用其成员。

2. 从现有的类创建新的类，称为类的_____。

3. 在 Python 中，不论类的名字是什么，析构方法都是_____。

4. 在 Python 中，实例变量在类的内部通过_____访问。

5. Python 语句序列"x = '123'; print(isinstance(x, int))"的运行结果为_____。

三、操作题

1. 定义一个 Circle 类，其有私有实例属性__radius（半径）、成员函数 getArea()用于计算圆的面积，构造这个 Circle 类并构造对象进行测试。

2. 定义一个 Cat 类，其有私有实例属性__weight、__age，成员函数 getWeight()和 getAge()，构造这个 Cat 类并创建两个对象进行测试。

3. 创建一个 Point 类，类中有私有实例属性__x 和__y，保护型类属性_z；有构造函数，构造函数能把属性__x、__y 和_z 初始化，无实参则初始化为 0；还有 setVal()公有实例方法能对__x、__y 和_z 重新赋值，还有 getX()、getY()和 getZ()公有函数，能够返回属性__x、__y 和_z。

4. 有一个 A 类定义如下：

```
1  class A:
2      def __init__(self, x):
3          self.__x = x
4      def move(self, mx):
5          self.__x += mx
6      def getX(self):
7          return self.__x
```

请用上面的 A 类派生出 B 类，B 类多了 y、z 两个私有实例属性和 getY()和 getZ()公有成员函数。请定义出这个派生类 B，使得下面的代码能够执行。

```
1  b = B(20, 30, -10)
2  b.move(10, 15, 5)
3  print(b.getX(), b.getY(), b.getZ())
```

5. 定义一个 Dim 类，其有__x、__y、__z 这 3 个实例属性。重载实现 Dim 对象与 Dim 对象的 +=、-=、*、/运算，能实现下面的代码，请输出下面代码的运行结果。

```
1  p1 = Dim()
2  p1.setval(40, 20, 20)
3  print(p1)
4  p2 = Dim(5, 10, 10)
5  print(p2)
6  p3 = p1 * p2
7  p4 = p1 / p2
8  p3 += p1
```

```
 9 | p4 -= p2
10 | print(p3, p4)
```

6. 定义一个 A 类，其有__a、__b 两个实例属性。重载实现 A 对象与 A 对象的+=、−=，A 对象与数字的*、/运算，保证下面的代码能够正常运行。

```
 1 | p1 = A()
 2 | p1.setval(20, 30)
 3 | print(p1)
 4 | p2 = A(40, 50)
 5 | print(p2)
 6 | p3 = p1 * 5
 7 | p4 = p2 / 2
 8 | p3 += p1
 9 | p4 -= p2
10 | print(p3, p4)
```

参考文献

[1] 嵩天，礼欣，黄天羽. Python 语言程序设计基础[M]. 2 版. 北京：高等教育出版社，2017.

[2] 董付国. Python 程序设计基础[M]. 2 版. 北京：清华大学出版社，2018.

[3] 钟雪灵，李立. Python 程序设计基础[M]. 北京：电子工业出版社，2019.

[4] 赵璐. Python 语言程序设计教程[M]. 上海：上海交通大学出版社，2019.

[5] 孙玉胜，曹洁. Python 语言程序设计（微课版）[M]. 2 版. 北京：清华大学出版社，2021.

[6] 江红，余青松. Python 程序设计与算法基础教程（微课版）[M]. 2 版. 北京：清华大出版社，2019.